선을 넘는 지리 이야기

선을 넘는 지리 이야기

세계의 해협, 운하, 터널, 산맥으로 처음 만나는 지정학

초판 1쇄 발행 2025년 4월 7일

지은이 성정원 이명준 이채림
펴낸이 이영선
책임편집 이현정
교정교열 안주영

편집 이일규 김선정 김문정 김종훈 이민재 이현정
디자인 김회량 위수연
독자본부 김일신 손미경 정혜영 김연수 김민수 박정래 김인환

펴낸곳 서해문집 | 출판등록 1989년 3월 16일(제406-2005-000047호)
주소 경기도 파주시 광인사길 217(파주출판도시)
전화 (031)955-7470 | 팩스 (031)955-7469
홈페이지 www.booksea.co.kr | 이메일 shmj21@hanmail.net

ISBN 979-11-94413-29-5 43980

선을 넘는 지리 이야기

성정원 이명준 이채림 지음

세계의 **해협**, **운하**
터널, **산맥**으로
처음 만나는 **지정학**

서해문집

들어가며

지정학은 위치, 자연환경, 인문 환경 등 지리적 요인이 국제 관계에 미치는 영향을 연구하는 학문입니다. 세계의 정치와 경제 변화를 읽어 내는 것이라고 할 수 있죠.

최근 미국 우선주의를 주장하는 트럼프 대통령은 대서양과 태평양을 연결하는 파나마 운하가 중국의 영향 아래 들어갔다며, 이를 되찾아야 한다고 말하고 있습니다. 이 사건은 중국과 미국의 갈등처럼 보이지만 실제로는 전 세계가 트럼프 대통령의 행동을 예의 주시하고 있어요.

지정학 이슈는 특정 국가만의 문제가 아닙니다. 우리는 대한민국에 살고 있지만 나의 삶은 세계의 움직임에 영향을 받을 수밖에 없거든요. 그래서 세상의 흐름을 보는 눈, 즉 지정학적 관점을 키우는 것이 중요하답니다.

지정학은 최근 우리나라에서 가장 뜨거운 키워드이기도 해요. 팀 마샬이 쓴 《지리의 힘》이 대중에게 알려지면서 유명 정치학자, 인문학자, 지리학자 등이 이를 바탕으로 세상의 흐름을 해석하거나 이야기하고 있습니다. 이 때문에 지정학은 우리에게 더욱 익숙한 용어가 되어 가고 있어요.

이러한 사회적 요구와 대중적 인기로 인해 2022 개정 교육 과정에서는 지정학이 중학교 사회, 고등학교 통합 사회, 세계 시민과 지리, 한국 지리 탐구 등의 성취 기준에 등장했습니다. 학교에서도 지정학이 중요한 학습 요소가 되었다는 뜻이에요.

이 책은 청소년들이 지정학이라는 생소한 용어와 내용에 조금 더 친숙하게 다가갈 수 있도록 지정학적으로 의미 있는 열두 장소를 중심으로 이야기를 풀어냈습니다. '서로 다른 성격을 가진 지역 간의 경계가 되는' 곳들이죠.

따라서 지정학을 담고 있는 이 장소들은 선線의 모습으로 나타납니다. 선은 눈에 띄는 형태가 있을 수도 있지만, 보이지 않는 정치적·문화적 경계의 역할을 하기도 하죠. 산맥이나 하천처럼 자연적으로 형성된 것도 있고, 터널이나 운하처럼 인간이 의도적으로 만든 것도 있어요. 땅과 땅, 바다와 바다를 나누거나 연결하는 선이죠. 그래서 이 책의 제목이《선을 넘는 지리 이야기》랍니다.

이 선을 경계로 지역 간 갈등이 일어나기도 하고, 반대로 활발한 교류가 이뤄지기도 합니다. 지금부터 왜 이런 일들이 이 장소에서 일어나는지, 그리고 앞으로 어떤 일들이 벌어지게 될 것인지 이야기해 볼게요.

각 장소의 지리적 특징을 이해하는 것뿐만 아니라 그 장소를 중심으로 다른 지역과 어떻게 연결되는지를 이해하는 것도 중요합니다. 세계는 네트워크로 연결되어 있고, 에너지, 식량, 공산품 등 자원의 이동은 우리의 삶을 유지하는 원동력이 되기 때문입니다. 이 책은 열두 곳의 장소를 소개하지만, 다 읽고 나면 이 장소를 중심으로 연결된 세계의 흐름을 이해할 수 있을 거예요.

지정학적 관점을 기르면 세계의 정치와 경제를 알 수 있을 뿐만 아니라 다양한 시각으로 사건을 바라보고 분석하는 비판적 사고력도 키울 수 있습니다. 또한 기후 변화, 분쟁, 기아, 난민 등 지구촌 문제에 관심을 가지고 이를 해결하기 위한 협력의 필요성에 공감하며 세계 시민으로 성장할 기회도 얻을 수 있죠.

이 책은 지정학을 처음 접하는 청소년도 흥미롭게 읽을 수 있도록 지도, 도표, 사진 등 다양한 시각 자료를 활용했습니다. 그리고 지리(사회) 수업 시간에 배우는 지역이나 개념을 쉽게 이해할 수 있게 내용 요소를 고려하며 집필했어요. 조금 생소한 지역 이야기가 나오더라도 시각 자료를 천천히 살펴보며 꼼꼼하게 읽으면, 지정학적 관점으로 세상을 바라보는 안목을 기를 수 있을 것입니다.

차례

들어가며 • 4

해협

1 **말라카 해협 — 세계 무역을 둘러싼 줄다리기** • 14
인도양과 태평양을 연결하는 가장 빠른 길
국제 해협이라는 카드
중국의 '믈라카 딜레마'
크라 운하가 가져올 미래
선을 넘은 이야기 동서 교역의 역사를 간직한 도시 믈라카

2 **베링 해협 — 빙하가 열어 준 길** • 30
호모 사피엔스, 선을 넘다
미국과 러시아, 선을 긋다
선을 넘은 이야기 역적에서 영웅이 된 수어드
다시 선을 잇다: 런던부터 뉴욕까지
북극 항로의 주요 경로

3 **호르무즈 해협** — 축복과 분쟁의 씨앗이 흐르는 곳 · 46
대한민국 유조선, 나포되다
호르무즈 해협의 정치적 갈등
문제는 석유 가격이 아니다
왜 이곳은 지나가기 어려울까?
선을 넘은 이야기 영해와 무해통항권
새로운 선택, 홍해

4 **지브롤터 해협** — 세상의 끝을 사수하라 · 60
헤라클레스의 기둥, 대항해 시대를 열다
유럽 진출의 전진 기지
선을 넘은 이야기 지중해는 사막이었다
브렉시트 이후: 영국과 에스파냐 사이에서
지브롤터 해협의 경제적 가치

운하와 터널

1 **수에즈 운하** — 고갈되지 않는 자원 · 78
배 한 척이 전 세계 물류의 흐름을 막다
바다와 바다의 연결 고리
이집트의 품으로 돌아오기까지
선을 넘은 이야기 500년간의 도전, 굴포 운하와 안면 운하
수에즈 운하는 스마트폰

2 **파나마 운하** — 태평양과 대서양을 오가는 자유 · 94
운하 때문에 만들어진 나라가 있다?

끈질긴 야심은 막을 내리고
선을 넘은 이야기 파나마 vs 니카라과
파나마 경제의 중심이 되다
기후 변화가 일으킨 위기들

3 세이칸 터널 — 일본의 자부심, 대륙 진출의 꿈 • 110
참담한 침몰이 남긴 과제
균형 발전의 땅, 홋카이도를 향해
선을 넘은 이야기 아이누족의 수난
문화와 경제 그리고 마음의 경계를 허물다
러시아에서 유럽까지, 부산에서 인도까지?

4 고트하르트 베이스 터널 — 지구를 생각하는 선 긋기 • 126
한니발과 나폴레옹의 공통점
동서로 뻗은 벽, 알프스산맥
장벽을 뚫다: 북해와 지중해 잇기
선을 넘은 이야기 공간적 상호 작용 발생의 세 가지 원칙
효율보다 안전, 돈보다 환경

산맥

1 히말라야산맥 — 남아시아 패권 전쟁 • 146
인도와 중국을 가른 세계의 지붕
자연 국경도 지키지 못한 평화
14억 중국과 14억 인도 사이, 80만 부탄
네팔, 히말라야 너머를 보다
선을 넘은 이야기 인도와 파키스탄의 자존심을 건 발차기

2 우랄산맥 — 유라시아를 흔드는 러시아의 힘 • 162
러시아가 세계 영토 크기 1위인 이유
유럽과 아시아의 경계
자원과 사람을 이어 주는 열차의 탄생
우크라이나 전쟁이 의미하는 것
선을 넘은 이야기 시베리아 횡단 철도 여행

3 그레이트디바이딩산맥
— 자원 강국 오스트레일리아의 미래 • 180
기후를 나누는 거대한 선
호주 청정우는 어디에서 왔을까?
금을 찾아 산을 넘어 서쪽으로
광물 무역의 열쇠: 경제는 아시아, 역사는 유럽
선을 넘은 이야기 첫 번째 오스트레일리아인, 애버리지니

4 피레네산맥 — 유럽 연합 철도 사업 핵심 네트워크 • 196
프랑스-에스파냐 전쟁에 마침표를 찍다
카탈루냐와 바스크 독립 시위의 기원
드디어 이룬 염원, 유럽 본토 육상 교통
선을 넘은 이야기 피레네산맥 위에 있는 나라, 안도라

참고 자료 • 212

베링 해협 — 빙하가 열어 준 길

믈라카 해협 — 세계 무역을 둘러싼 줄다리기

호르무즈 해협 — 축복과 분쟁의 씨앗이 흐르는 곳

해협

지브롤터 해협 — 세상의 끝을 사수하라

믈라카 해협

세계 무역을
둘러싼
줄다리기

세계 최대 강대국을 꼽으라고 하면 많은 사람이 미국을 떠올릴 거예요. 미국은 정치, 경제 등 여러 분야에서 막강한 영향력을 행사하고 있습니다. 이러한 미국이 가장 경계하는 나라는 풍부한 노동력과 자원을 바탕으로 빠르게 성장한 중국이에요.
세계 양대 강국(G2)인 미국과 중국은 정치, 경제, 안보 등 다양한 분야에서 갈등을 겪고 있습니다. 만약 두 나라의 갈등이 심해진다면, 전 세계가 주목할 곳은 바로 믈라카 해협이 될 거예요.
왜 그럴까요?

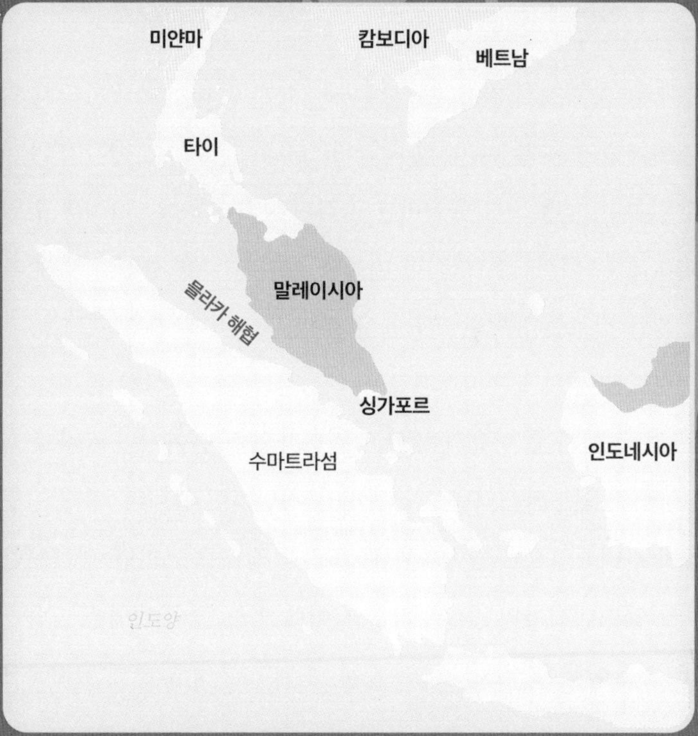

말레이시아와 인도네시아의 수마트라섬 사이에 있는 좁은 바다입니다.

인도양과 태평양을 연결하는 가장 빠른 길

국가 간 무역에서 가장 짧은 경로를 찾는 이유는 운송비를 줄이기 위해서예요. 보통 200만 배럴의 원유를 수송하는 배가 100km를 이동하는 데 드는 운송비는 우리나라 돈으로 약 5000만 원입니다. 물류 회사들은 이러한 비용을 줄여 수익을 올리기 위해 가장 짧은 경로를 선택할 수밖에 없죠.

지도를 펼쳐 볼까요? 페르시아만 지역에서 생산한 원유를 한국, 중국, 일본 등 원유의 해외 의존도가 높은 동아시아 국가로 수송하려면 인도차이나반도 앞바다를 지나가야 합니다. 이때 인도양에서 태평양으로 넘어가는 가장 짧은 경로를 그리면, 말레이반도와 인도네시아의 수마트라섬 사이에 있는 좁은 해협을 지나가야 해요. 이곳이 바로 파나마 운하, 수에즈 운하와 함께 세계에서

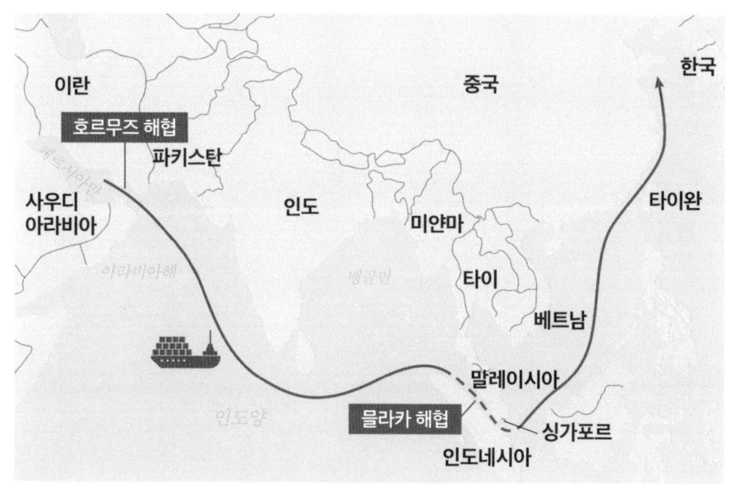

석유가 페르시아만에서 동아시아로 이동하는 경로

가장 많은 화물선이 오가는 믈라카(말라카) 해협이랍니다.

믈라카 해협은 길이가 약 900km이고, 너비를 보면 북서쪽 입구는 250km로 넓지만, 남동쪽의 필립스 수로에서는 2.8km로 매우 좁아지는 바닷길이에요. 이 지역은 대륙붕(바닷가에서 수심 약 200m까지의 경사가 완만한 해저)에 있어 수심이 깊지 않은데, 수심이 가장 얕은 지역은 약 23m입니다. 해협의 폭이 좁고 수심도 얕은 데다가 작은 섬과 암초가 많아서 큰 배가 다닐 수 없고, 빠른 속도로 이 지역을 지나가기도 힘들어요. 이 때문에 믈라카 해협은 교통 체증이 심한 곳으로 유명하죠.

그런데도 가장 짧은 경로로 이동하기 위해 전 세계 해상 교역

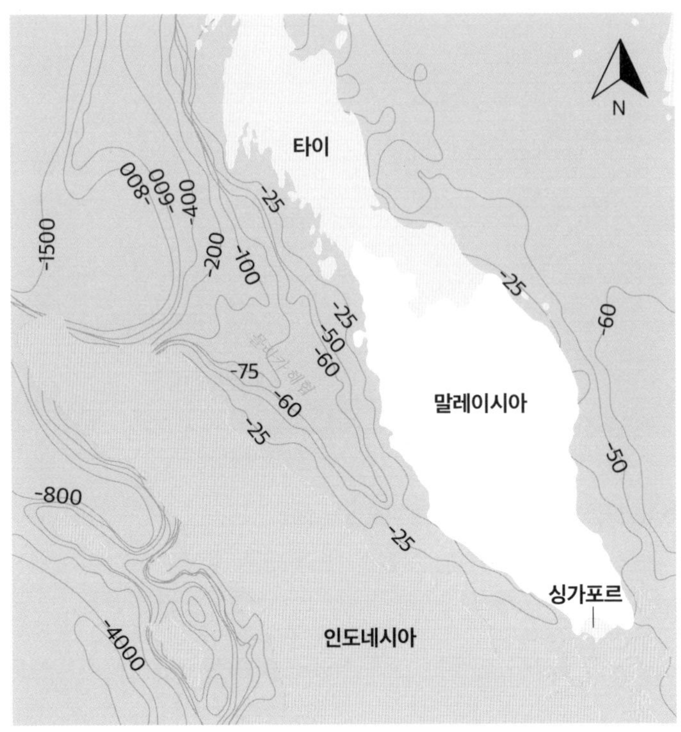

믈라카 해협의 좁은 폭과 얕은 수심

량의 약 30%가 믈라카 해협을 지나가고 있습니다. 배가 이곳을 지나가기 위해서는 좁은 해협을 통과할 수 있는 조건을 맞춰야 하므로 배의 규모가 일정 이상 커질 수 없어요.

현재 법에 따르면 믈라카 해협을 지나갈 수 있는 배의 최대 길이는 333m, 최대 폭은 60m, 배가 물에 잠기는 최대 깊이는 20.5m입니다. 이처럼 믈라카 해협을 지나갈 수 있는 배의 최대 크기를 '말라카막스Malaccamax'라고 불러요. 배의 주인들은 배를 더 크게 만들어 수익을 올리고 싶지만, 믈라카 해협을 지나가지 못하고 다른 길로 돌아가면 비용이 많이 들기 때문에 배의 크기를 키우지 못하죠.

만약 대형 배를 이용하기 위해 믈라카 해협을 지나가지 않고 롬복 해협으로 돌아간다면, 거리는 4600km, 이동 시간은 170시간이 늘어나서 운송비가 20% 이상 증가한다고 해요. 이러한 이유로 지금도 믈라카 해협은 많은 배로 장사진을 이루고 있답니다.

국제 해협이라는 카드

믈라카 해협은 폭이 좁고 수심이 얕아서 이 지역을 지나가는 배는 속도를 높일 수 없어요. 또한 폭이 2.8km밖에 안 되는 지역도 있어서 도적이 해안가에 숨어 있다가 배를 약탈하기 쉽죠. 게다가 세계 각국의 함대들이 아덴만 주변에서 해적을 소탕하기 위해 순찰을 강화하면서, 국제적으로 유명한 소말리아 해적들이 새로운 활동지로 믈라카 해협을 선택했어요.

믈라카 해협과 인접한 말레이시아와 인도네시아의 해군력은 그다지 강하지 않습니다. 그래서 믈라카 해협의 안보 문제가 국제 사회의 중요한 이슈로 떠올랐죠. 이에 미국과 영국은 해상 안전을 이유로 이 지역에 군대를 파견했어요.

미국과 영국이 각자의 영해가 아닌 지역에서 군사적 활동을 할 수 있는 이유는 이곳이 '국제 해협(여러 나라의 배가 자유롭게 지나다닐 수 있도록 국제 조약으로 보장한 해협)'으로 지정되었기 때문입니다. 1994년 유엔 해양법 협약에 따라 믈라카 해협은 국제 해협으로 지정되었어요. 이 지역에서는 연안국의 법령에 따른다는 조건하에 다른 나라의 배가 연안국의 영해를 자유롭게 항해할 수 있는 권한인 무해통항권이 인정됩니다. 미군은 국제 해협의 안전을 지킨다는 목적으로 믈라카 해협에 주둔하며 이 지역을 통제하게 되었죠.

한국, 중국, 일본은 원유의 해외 의존도가 높은 국가들입니다. 특히 중국은 급격한 경제 성장으로 원유의 해외 의존도가 매우 높아요. 따라서 믈라카 해협이 봉쇄되면 중국 경제는 큰 타격을 입을 수도 있습니다.

최근 심화되고 있는 미국과 중국 간의 갈등이 전쟁으로 이어질 수 있다는 우려의 목소리가 커요. 만약 전쟁이 벌어진다면 미국은 믈라카 해협의 군대를 이용해 중국으로 들어가는 배를 봉쇄하고, 이 지역을 중국을 협박할 수 있는 중요한 카드로 사용할 수 있게 됩니다.

믈라카 해협이 봉쇄되면 한국과 일본도 큰 타격을 입을 수 있

중국·미얀마 원유 송유관

어요. 그런데도 두 나라는 미국과 우호적인 관계를 맺고 있다는 이유로 믈라카 해협의 미군 주둔에 대해 크게 우려하고 있지는 않죠.

하지만 중국은 다릅니다. 그래서 중국은 믈라카 해협을 지나가지 않고 원유를 들여오는 방법을 찾고 있어요. 대표적으로 미얀마를 통하는 송유관 건설을 꼽을 수 있습니다. 2017년에 개통된 이 송유관의 길이는 2380km예요. 미얀마 서해안의 마데섬에서 중국의 쿤밍까지 이어지며, 연간 2200만 톤의 원유를 수송하고 있죠.

지금까지 믈라카 해협은 전 세계 무역에서 중요한 역할을 하는 경제적 의미만 강조되어 왔어요. 하지만 조금 더 자세히 들여다보면 각국의 이해관계와 맞물린 정치적 의도를 읽어 낼 수 있답니다.

중국의 '믈라카 딜레마'

중국은 빠른 성장 속도를 유지하기 위해 많은 자원을 수입하고 완제품을 수출하며 세계 1위 경제 대국으로 향하고 있어요. 중국 무역의 약 90%는 해상으로 운반되고 있으며, 석유 등 에너지 자원의 해상 의존도는 더 높습니다. 문제는 이 해상 운송을 위해 반드시 믈라카 해협을 지나가야 한다는 점이에요. 앞에서 이야기한 것처럼 이곳에는 미군이 주둔하며 해상 보안을 책임지고 있습니다. 중국으로서는 믈라카 해협의 미군이 눈엣가시일 수밖에 없죠.

2003년 후진타오 주석은 중국이 믈라카 해협에 대한 의존도가 높은 것을 우려했습니다. 그는 이 문제는 해결책을 쉽게 찾을 수 없는 난제라고 말하며, 이를 '믈라카 딜레마Malacca Dilemma'라고 표현했어요.

크라 운하 건설 예정 지역

중국은 믈라카 딜레마를 해결하기 위해 여러 대안을 검토하고 있습니다. 그중 가장 가능성이 큰 것이 크라 운하 건설이에요.

크라 운하 건설 예정 지역은 타이와 말레이시아의 국경 가까이에 있으며, 말레이반도에서 폭이 좁은 곳입니다. 이 지역의 평균 해발 고도는 약 75m이고 직선거리는 약 44km예요. 지형적 조건에 따라 실제 운하 길이는 달라지겠지만, 수에즈 운하(총길이 193km)를 건설했던 기술력이라면 충분히 건설할 수 있을 것으로 예상됩니다.

1677년 타이의 아유타야 왕조 때부터 인도양과 남중국해를 연결하는 새로운 항로를 만들려고 했어요. 하지만 비용 문제와 정치적 상황으로 인해 첫 삽을 뜨지도 못했죠. 타이로서는 크라 운하를 건설하면 믈라카 해협을 대체할 새로운 뱃길을 열 수 있어서 동남아시아의 경제 패권을 쟁취하는 기회로 삼을 수 있어요. 이에 타이는 운하 건설을 계속 시도했지만, 운하가 건설되었을 때 손해를 볼 주변 국가들의 반대에 부딪혀 공사는 진행되지 못하고 있답니다.

크라 운하가 건설되면 말레이반도를 돌아가지 않고 인도양에

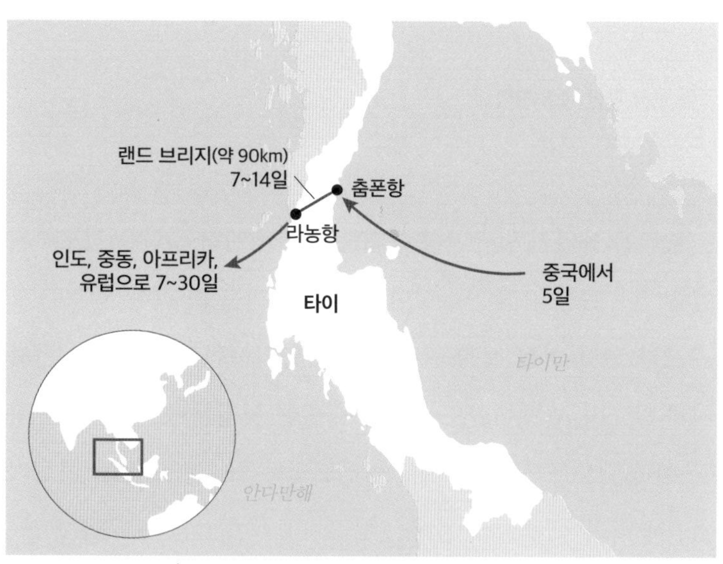

타이의 랜드 브리지를 경유할 때 소요되는 운송 시간

서 남중국해로 바로 이동할 수 있어 약 1400km의 거리와 약 48시간의 이동 시간을 단축할 수 있어요. 아프리카 대륙의 수에즈 운하나 아메리카 대륙의 파나마 운하처럼 이동 거리를 크게 줄일 수 있는 것은 아니지만, 동아시아 국가들에는 적지 않은 경제적 이익을 보장해 줄 수 있죠.

특히 중국에는 믈라카 딜레마를 해결할 수 있는 절호의 기회가 될 수 있습니다. 이에 2015년 중국은 우리나라 돈으로 21조 원이라는 엄청난 돈을 투자하겠다고 밝혔지만, 미국·싱가포르 등 주변 국가들의 반대와 타이 내 정치적 불안정 등으로 인해 아직 사업을 시작조차 못 하고 있어요.

그러자 타이와 중국은 운하 대신 랜드 브리지Land Bridge 건설 계획을 세웠습니다. 이는 타이의 춤폰항과 라농항을 연결하는 육상의 철도, 도로, 파이프라인을 활용해 믈라카 해협을 우회하는 방법이에요.

랜드 브리지 건설은 운하 건설을 위해 땅을 파서 뱃길을 만드는 것보다 비용이 적게 들 것으로 예상되고, 2030년 완공을 목표로 하고 있습니다. 하지만 랜드 브리지를 통해 물건을 운송하면 물건을 싣고 내리는 것을 두 번이나 해야 하니 비용이 더 들어 경제성이 떨어질 거라는 우려의 목소리도 나오고 있죠.

크라 운하가 가져올 미래

믈라카 해협의 주변국들은 해운 산업을 통해 많은 경제적 이익을 얻고 있습니다. 특히 믈라카 해협 입구에 있는 싱가포르는 이 지역에서 가장 큰 싱가포르항을 중심으로 무역, 금융, 물류 산업 등을 연결해 막대한 경제적 효과를 보고 있어요. 싱가포르의 인구는 약 600만 명으로 많지 않지만, 믈라카 해협을 활용한 해운 산업으로 크게 성장했습니다. 현재 싱가포르는 1인당 국내 총생산(GDP)이 약 9만 달러로, 대한민국(약 3만 달러)의 3배가 넘는 세계 5위의 경제 대국이랍니다.

만약 타이의 크라 운하가 건설된다면, 싱가포르는 해운 교역의 약 30%를 빼앗길 것이라는 분석이 나오고 있습니다. 그러면 싱가포르는 경제적으로 큰 타격을 입을 수밖에 없겠죠. 그래서 싱가포르는 크라 운하 건설에 반대하고 있습니다. 믈라카 해협을 접하고 있는 말레이시아와 인도네시아도 싱가포르와 같은 이유로 크라 운하 건설에 반대하고 있어요.

반면 베트남과 캄보디아는 크라 운하 건설에 찬성하고 있습니다. 크라 운하가 건설되면 인도양으로 이동하는 거리가 짧아져 운송 비용이 크게 줄어들고, 크라 운하 주변이 새로운 무역 중심지가 될 가능성이 커요. 이에 따라 베트남과 캄보디아는 경제적 이

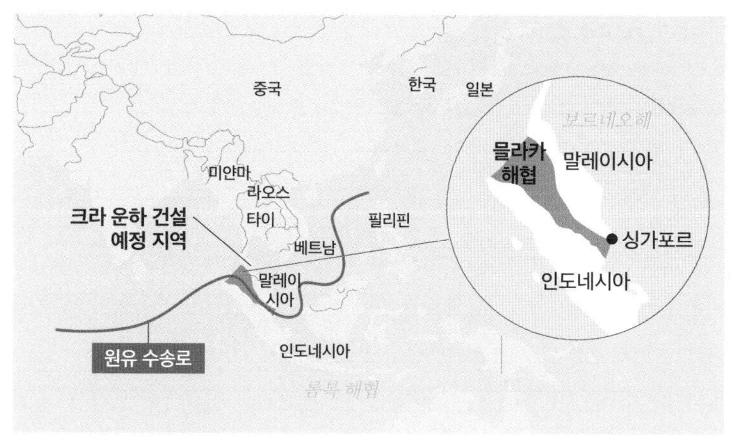

믈라카 해협의 주변국들

익을 얻을 수 있어 크라 운하가 완공되기를 기대하고 있답니다.

동아시아의 한국, 중국, 일본도 인도양에 대한 접근성이 높아져서 경제적 이익을 얻을 수 있을 것으로 예상합니다. 하지만 미국의 우방국인 한국과 일본은 믈라카 해협을 활용해 중국을 견제하는 정치적 목적을 무시할 수 없어요. 따라서 크라 운하 건설에 적극적으로 찬성하기는 어렵죠.

동서 교역의 역사를 간직한 도시 믈라카

말레이반도에 있는 믈라카는 예로부터 동서양이 교역하던 중요한 지역이었습니다. 특히 향신료 교역의 중심지여서 열강들의 침략을 많이 받았죠.

작은 어촌이었던 믈라카에는 1400년경 믈라카 술탄국이 세워졌습니다. 이후 1405년부터 1511년까지 중국 명나라의 속국이었다가 1511년부터 1641년까지 포르투갈이 지배했어요. 그 후 네덜란드(1641~1824), 영국(1824~1942)이 차례로 지배했고, 제2차 세계 대전 기간에는 일본(1942~1945)의 지배를 받았죠. 일본의 패전 이후 다시 영국의 식민지(1945~1957)가 되었다가 1957년 말레이시아가 독립하면서 믈라카는 식민 지배 역사에서 벗어나게 된답니다.

약 550년 동안 동서양 교역의 중심지였던 믈라카에는 유럽, 중동, 인도, 중국 등 다양한 지역의 문화가 공존하고 있어요. 또한 서양 열강의 침략을 받았던 영향으로 유럽의 독특한 건축 양식이 도시 곳곳에 남아 있어 이국적이면서 다문화적인 경관을 보여 주죠. 믈라카는 이러한 역사적 가치를 인정받아 2008년 유네스코 세계 문화유산으로 등재되었습니다. 현재 믈라카는 문화·역사적 자산을 바탕으로 관광 산업이 활성화되어 있으며, 지리적 이점을 이용해 항만과 물류업이 발달했답니다.

믈라카의 위치

1753년 네덜란드인이 믈라카에 세운 성공회 교회

베링 해협

빙하가
열어 준
길

세계 지도를 펼쳐 보면 유라시아 대륙과 아메리카 대륙은 넓은 태평양을 사이에 두고 떨어져 있습니다. 미국과 러시아(소련)는 자본주의 진영과 사회주의 진영의 냉전 체제를 대표하는 두 나라로, 이데올로기의 거리만큼이나 물리적인 거리도 멀리 떨어져 있는 것처럼 보이죠.

하지만 지도를 자세히 살펴보면 미국과 러시아 사이의 거리는 약 85km로, 울릉도와 독도 사이의 거리(약 87km)보다 가깝습니다. 이 두 나라 사이에 있는 좁은 바다가 바로 베링 해협이에요.

러시아의 데즈뇨프곶과 미국의 프린스 오브 웨일스곶 사이에 있는 좁은 바다입니다.

호모 사피엔스, 선을 넘다

혹독한 기후 환경은 생명체들이 조금 더 살기 좋은 곳을 찾아 떠나도록 만듭니다. 이러한 이유로 아프리카 대륙에서 출발한 호모 사피엔스는 아메리카 대륙에 도착하게 되었죠.

인류가 아메리카 대륙에 어떻게 갔는지에 대해서는 여러 가지 가설이 있습니다. 일부 학자는 남태평양의 섬을 통해 배를 타고 아메리카 대륙으로 이동했다고 주장하기도 해요. 파푸아뉴기니 등 남태평양 섬 원주민과 아마존 원주민의 특징이 비슷하기 때문이죠. 하지만 이 가설은 고고학적·유전적 근거가 아직 부족하답니다.

가장 믿을 만한 가설은 베링기아Beringia를 통해 이동했다는 주장이에요. 베링기아는 유라시아 대륙과 아메리카 대륙을 연결하는 육로입니다. 많은 고고학자는 아시아의 인류가 이 길을 따

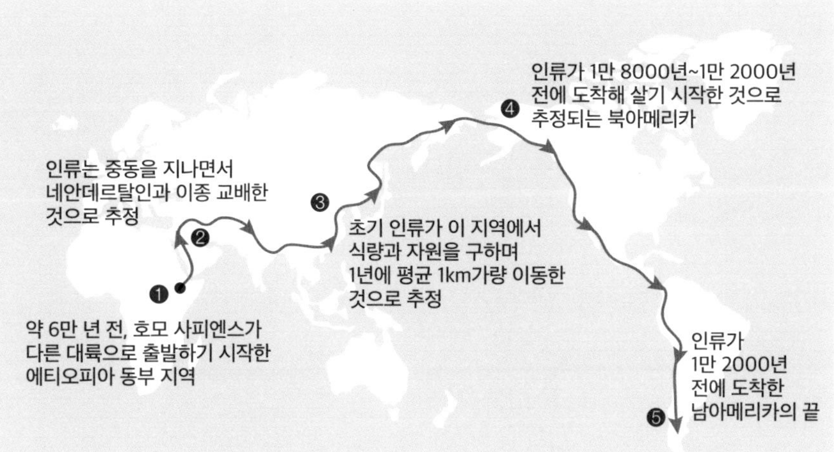

호모 사피엔스의 발자취 ©BBC

라 아메리카로 이동해 인디언이 되었다고 주장하죠.

약 2만 년 전, 마지막 최대 빙하기에는 북아메리카 대륙이 지금의 뉴욕까지 두꺼운 빙하로 덮여 있었습니다. 이때 시베리아와 알래스카 사이의 베링 해협은 해수면이 100m 이상 내려가면서 육지로 드러났죠. 매머드 등 대형 포유류가 베링기아를 통해 아메리카 대륙으로 건너갔고, 호모 사피엔스도 그 길을 따라 유라시아 대륙에서 아메리카 대륙으로 이동했어요.

일시적으로 따뜻해진 시기에 일부 해안 지역의 빙하가 녹으면서 육로가 열리게 되었습니다. 북아메리카로 넘어온 인류는 대륙 서쪽을 중심으로 열린 육로를 따라 남쪽으로 이동해 빙하가 없

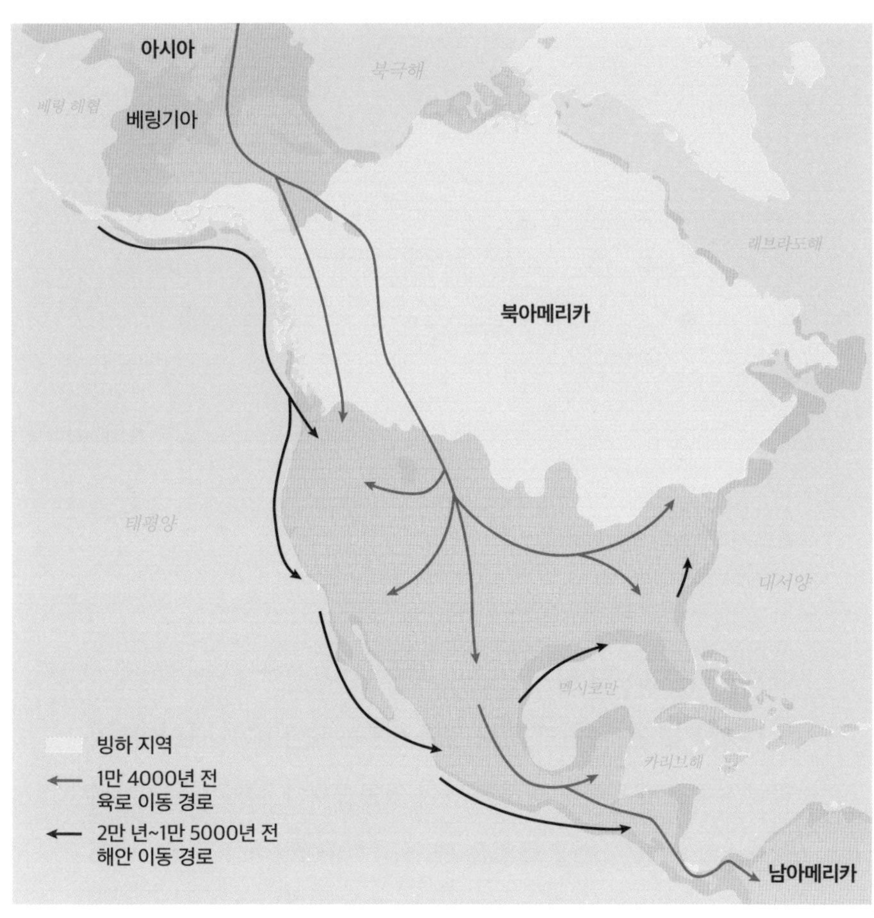

베링기아를 통한 이동 경로 ©Sophie Lichtenstein

는 지역에 다다랐어요. 이들은 약 1만 6000년 전에 북아메리카와 남아메리카로 나누어 이동해 정착했죠. 약 1만 3000년 전부터 기온이 올라가면서 해수면이 상승하고, 알래스카와 시베리아는 베링해로 분리되었어요.

일부 학자는 베링기아가 단순히 이동 경로 역할만 한 것이 아니라 정착지의 역할도 했다고 주장합니다. 이 지역은 기온이 급격히 떨어졌지만, 매우 건조한 탓에 눈이 내리지 않아 빙하가 형성되지 못했어요. 이 때문에 가장 살기 좋은 곳은 아니었으나 빙하로 덮인 주변 지역보다는 나쁘지 않아서 선택되었을 것이라고 주장합니다. 현재 이 지역은 해수면 아래에 잠겨 있어서 인류가 실제 거주했는지를 증명할 근거가 많지 않아요. 하지만 충분히 설득력이 있는 설명이죠.

미국과 러시아, 선을 긋다

베링 해협은 러시아의 데즈뇨프곶과 미국의 프린스 오브 웨일스곶 사이에 있는 바다입니다. 두 나라의 국경은 러시아의 라트마노프섬과 미국의 다이오미드섬 사이를 지나요.

특히 두 섬 사이에는 미국과 러시아의 국경뿐만 아니라 날짜변경선(지구상의 날짜가 바뀌는 기준선으로, 동경 180도 선을 따라 태평양에 있는 가상의 선)이 지납니다. 이로 인해 두 섬 사이의 거리는 4km가 채 되지 않지만, 시차는 무려 21시간이나 난답니다. 베링

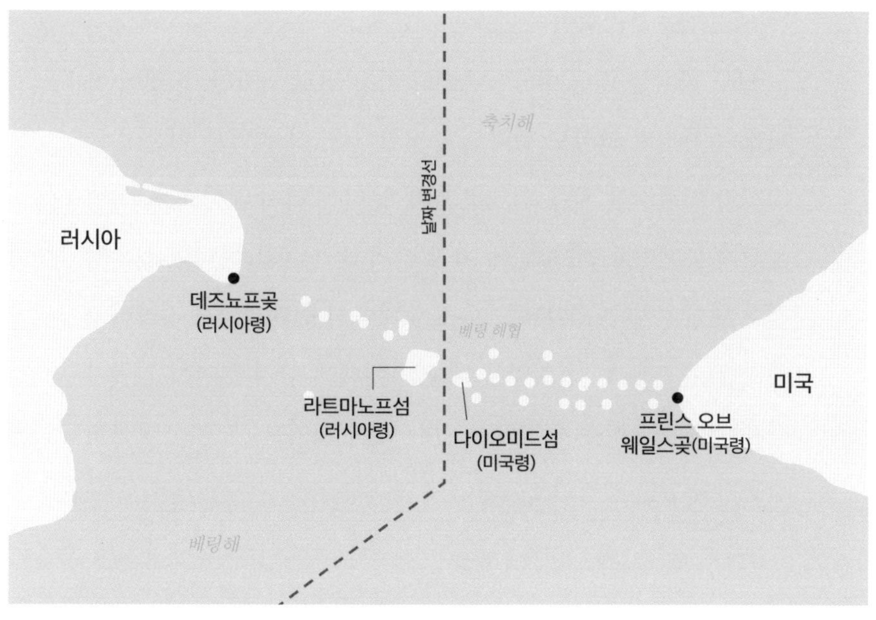

데즈뇨프곶과 프린스 오브 웨일스곶의 위치

해협에는 러시아와 미국이라는 두 강대국의 갈등과 역사가 담겨 있어요.

러시아의 표트르 1세는 북극해 지역으로 영토를 넓히기 위해 덴마크 출신 탐험가 비투스 베링에게 이 지역을 탐험하도록 명령했습니다. 1728년 베링은 베링 해협을 통과해 북극해로 들어갔어요. 이후 이 지역은 그의 이름을 따서 베링 해협이라고 불리게 되었죠.

한편 1778년 영국 탐험가 제임스 쿡은 유라시아 대륙과 아메리카 대륙 사이를 항해하면서 아메리카 대륙의 서쪽 끝을 발견했습니다. 그는 당시 영국 왕세자를 기념해 이곳의 이름을 프린스 오브 웨일스곶Cape Prince of Wales이라고 지었죠. 또한 그는 유라시아 대륙 쪽에 튀어나온 지역을 목격하고 이곳을 이스트 케이프East Cape라 불렀는데요. 당시 영국의 힘이 강했기 때문에 이 명칭은 전 세계적으로 사용되었습니다.

하지만 러시아는 1648년 러시아 탐험가 세묜 데즈뇨프가 이곳을 항해했다는 사실을 확인하고, 1898년 데즈뇨프의 항해 250주년을 기념해 '데즈뇨프곶'이라는 명칭을 공식적으로 사용하기 시작했어요.

베링해 주변은 모피 생산과 수산업이 발달해 세계 열강이 탐내던 지역이었습니다. 이곳의 경제적 가치를 가장 먼저 알아본 러시아는 1649년 캄차카반도에서 시작해 1741년 북아메리카의 알래스카까지 영토를 확장했어요.

그러나 1867년 러시아는 크림 전쟁에서 발생한 막대한 재정 적자를 메우기 위해 알래스카를 미국에 720만 달러에 팔았습니다. 이때 러시아와 미국의 국경은 러시아의 라트마노프섬과 미국의 다이오미드섬 중간 지점으로 정해졌답니다.

역적에서 영웅이 된 수어드

러시아는 크림 전쟁에서 패배한 후 재정적 어려움을 해결하기 위해 약 172만km^2의 알래스카 지역을 1km^2당 5달러도 안 되는 헐값으로 미국에 팔았어요. 당시 미국 국민은 이 땅을 산 국무 장관 윌리엄 수어드를 '멍청이'라고 손가락질하며, 알래스카를 '수어드의 얼음 상자' '북극곰의 정원'이라고 비판했습니다.

하지만 시간이 흐르면서 수어드가 알래스카를 매입한 것은 미국에 신이 주신 축복이 되었어요. 알래스카에는 구리, 석탄, 목재뿐만 아니라 엄청난 양의 석유가 묻혀 있었기 때문이죠. 이에 따라 수어드는 미국의 영웅이 되었어요. 알래스카는 수어드를 기리기 위해서 매년 3월 마지막 월요일을 '수어드의 날'로 지정하고 축제를 벌이고 있습니다. 또한 그의 이름을 딴 수어드만灣, 수어드항, 수어드 고속도로 등을 만들어 수어드의 업적을 기념하고 있어요. 이렇게 가치가 높은 알래스카는 1959년 미국의 49번째 주가 되었답니다.

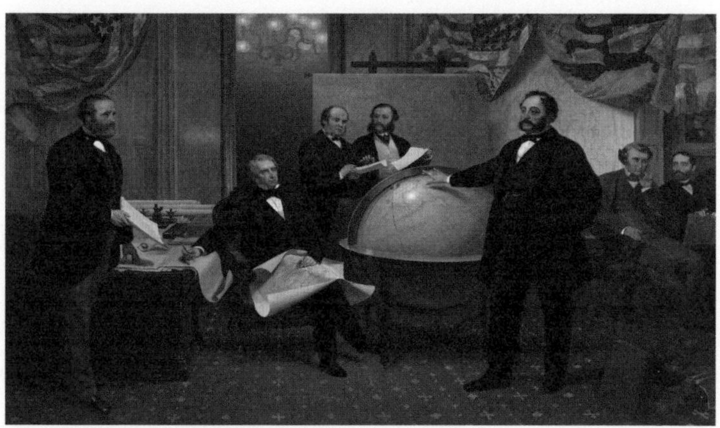

알래스카 매매 조약을 체결하는 모습

왼쪽에서 두 번째가 미국 국무 장관 윌리엄 수어드입니다.

수어드항

다시 선을 잇다: 런던부터 뉴욕까지

'육로로 어디까지 갈 수 있을까?'라고 상상해 본 적이 있나요? 세계 지도를 펼쳐 보면 유라시아 대륙은 기차나 자동차를 타고 이동할 수 있다는 것을 알 수 있습니다. 이 길은 섬나라 영국까지 이어져요. 프랑스와 영국을 연결하는 해저 터널이 있기 때문이죠. 즉, 대한민국 부산에서 영국 런던까지 육로로 이동할 수 있어요.

일본의 홋카이도와 혼슈를 연결하는 세이칸 해저 터널(53.85km), 영국과 프랑스 사이의 도버 해협을 잇는 유로 터널(50.45km)처럼 대륙을 연결하려는 시도는 세계 곳곳에서 이뤄지고 있습니다. 그렇다면 유라시아 대륙과 아메리카 대륙을 연결할 수도 있지 않을까요? 이러한 상상은 100년이 훨씬 넘었답니다.

콜로라도 준주의 주지사였던 윌리엄 길핀은 1890년 전 세계를 하나로 연결하는 코스모폴리탄 철도를 건설하자는 내용의 논문을 작성했습니다. 이는 유라시아 대륙과 아메리카 대륙을 연결하려는 상상의 시작이었어요. 1892년에는 미국이 베링 해협을 연결하는 철교 건설을 제안했고 러시아가 이에 동의했습니다. 하지만 냉전과 정치적 갈등이 계속되면서 이 계획은 지금까지도 실현되지 못했죠.

그런데도 베링 해협에 해저 터널을 건설하려는 시도는 여전히 계속되고 있으며, 많은 국가가 관심을 보이고 있어요. 이 해저 터널이 완성되면 기존의 배로 이동하는 것보다 이동 시간이 2주 이상 줄어들고, 운송 비용도 10% 이상 절약될 것으로 예상되기 때문이죠.

베링 해협 해저 터널은 지금까지 연결된 해저 터널 중 가장 긴 세이칸 터널보다 2배 긴 약 100km가 될 것으로 예상합니다. 인류가 성공한 적 없는 최대 길이의 해저 터널 공사이지만 이 지역

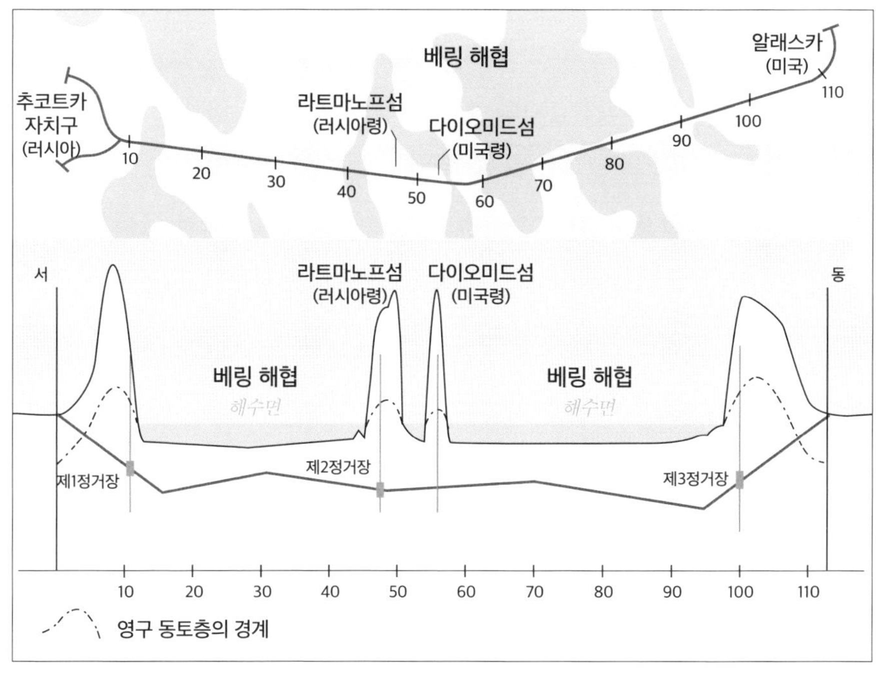

베링 해협 해저 터널 단면도

은 수심이 얕고, 중간에 다이오미드 제도가 있으며, 해저 터널 공사의 가장 큰 걸림돌인 지진 발생 위험도가 낮아 기술적으로는 큰 문제가 없다고 해요.

다만, 이 지역은 자연환경이 열악해서 공사가 쉽지 않을 것이라는 의견도 있습니다. 1년 중 공사가 가능한 기간이 짧고, 인구 밀도가 낮으며, 사회 간접 자본(도로, 항만, 철도, 통신 등 국민 경제 발전에 기초가 되는 공공시설)이 부족하기 때문이죠.

또한 이 지역을 개발하면 발생할 영구 동토층(1년 내내 얼어 있는 상태인 토양층 또는 퇴적물층) 파괴, 영구 동토층에 묻혀 있는 새로운 바이러스 출몰, 토양 침식, 생물종 다양성 문제 등 환경에 대한 우려의 목소리가 큽니다. 이러한 이유로 시민 단체와 국제 사회의 여론은 개발보다는 보전해야 한다는 입장이에요.

베링 해협 해저 터널 공사의 가장 큰 걸림돌은 미국과 러시아 간의 정치적 갈등입니다. 두 국가가 평화적으로 협력해야 이 프로젝트가 시행될 수 있을 거예요. 하지만 생각을 바꿔 보면 해결책을 찾을 수도 있습니다. 지역을 연결하는 네트워크가 먼저 만들어지면 교류가 활발해지고, 이를 통해 통합이 이뤄질 수도 있죠.

유럽은 유로 터널 등 해저 터널과 유로스타로 연결된 철도 네트워크로 인해 인적·물적 교류가 활발해지면서 통합과 번영을 이뤘어요. 베링 해협 해저 터널도 미국과 러시아가 화합하고 번영하는 데 중요한 역할을 할 수 있을 것입니다.

이러한 관점에서 국제 사회는 '세계 평화를 위한 베링 해협 프로젝트'를 추진하고 있으며, 많은 국가가 이 프로젝트에 참여하고 있어요. 런던에서 뉴욕까지 육로로 연결될 그 날을 기다려 봅니다.

북극 항로의 주요 경로

앞에서 우리는 대륙을 기준으로 두 지역이 이어지고 끊어짐에 대해 이야기했는데요. 관점을 조금 돌려 보면, 해협은 큰 바다를 이어 주는 경계 역할을 합니다. 베링 해협은 세계에서 가장 큰 바다인 태평양과 세계에서 가장 지나가기 어려운 북극해를 이어 주고 있어요.

베링 해협의 가치와 중요성은 앞으로 더욱 높아질 것입니다. 지구 온난화로 인해 극지방의 빙하가 녹으면서 북극 항로에 대한 기대가 커지고 있는데요. 북극 항로를 이용하기 위해서는 반드시 베링 해협을 지나가야 하기 때문이죠.

북극 항로는 크게 태평양의 서쪽 해안을 따라 러시아 북쪽을 지나가는 북동 항로와 아메리카 대륙의 북쪽을 지나가는 북서 항로로 나눌 수 있습니다. 태평양 중심 지도를 사용하는 우리나

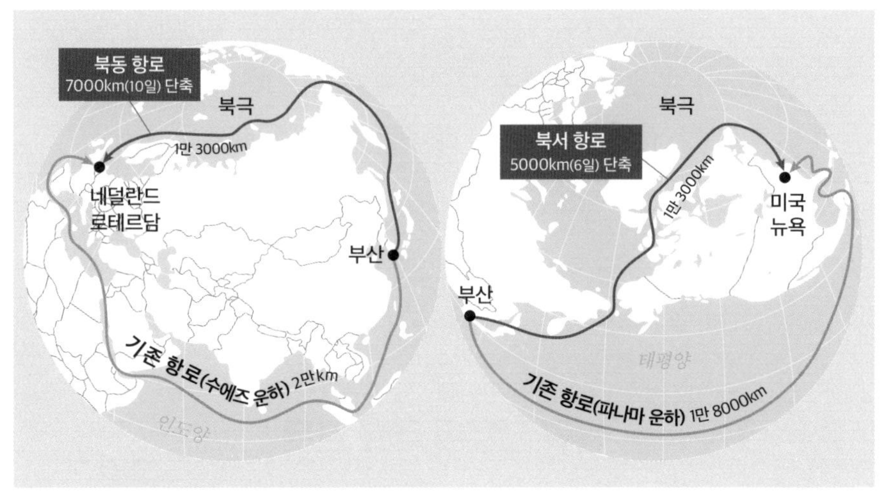

기존 항로와 북극 항로의 거리 비교

라에서 보면 북동 항로는 태평양의 서쪽을 따라 이어지고, 북서 항로는 태평양의 동쪽을 따라 이어져요.

이러한 이름은 유럽 강대국을 중심으로 지어져서 우리가 즐겨 보는 태평양 중심 지도에서는 방향에 혼란을 줄 수 있습니다. 유럽, 동아시아, 러시아 등은 항구 시설, 기름 공급, 재난 대비 시스템 등 배의 이동에 필요한 기반 시설이 잘 구축된 북동 항로를 많이 이용하는 편이죠.

북극 항로를 이용하면 이동 거리와 운송비를 줄일 수 있어요. 예를 들어 부산에서 유럽으로 배가 이동할 때 북동 항로를 이용하면, 아라비아반도의 홍해와 수에즈 운하를 거쳐서 가는 경로보다 거리가 약 40% 줄어들고, 이에 따라 연료 소비량도 감소할 것으로 예상됩니다. 또 치안이 양호해 중동 지역처럼 해적 출몰 위험이 높지 않다는 것이 큰 장점으로 부각되고 있죠.

물론 북극 항로를 이용할 때 고려해야 할 점도 많아요. 먼저 북극 유빙(流氷, 물 위에 떠다니는 얼음덩이)을 견딜 수 있는 배를 특별히 제작해야 합니다. 배를 만드는 비용이 더 들 수 있고, 배의 내구성을 높이면 무게가 늘어나 연료가 많이 들게 돼요. 또 이 지역을 지나가는 배들은 유빙을 고려해 속도를 기존 항로의 18노트(시속 약 33km)보다 느린 5노트(시속 약 9km)로 항해해야 하므로 연료비와 이동 시간이 늘어날 수밖에 없죠.

현재 북극 항로는 유빙이 비교적 적은 7월부터 11월까지 약 5개월 동안만 이용할 수 있습니다. 이 지역은 기온이 매우 낮아서 기온 변화에 민감한 물건은 운송할 수 없어요. 또한 수심이 얕은 곳이 많아서 큰 배가 지나가기 어렵기 때문에 대량 수송으로 인한 수익성을 보장하지 못한다는 단점이 있죠.

그런데도 북극 항로는 앞으로 경제성이 높아질 이동 경로로 주목받고 있습니다. 북극 항로 이용이 늘어나면 베링 해협 근처에 있는 미국과 러시아는 이곳을 통해 경제적 이익을 얻으려고 할 거예요. 이 지역을 지나가는 배들이 안전하게 항해하기 위해 두 국가의 평화적 관계가 더욱 중요해지고 있습니다.

호르무즈 해협

축복과 분쟁의 씨앗이 흐르는 곳

미국은 트럼프 정권이 들어선 후 2018년 이란의 원유 수출에 제재를 가했습니다. 이에 이란 정부는 "우리는 호르무즈 해협을 누구나 사용할 수 있게 할 수도 있지만, 누구도 이용할 수 없게 만들 수도 있다는 것을 명심해야 한다"라고 경고했죠.
그렇다면 이 좁은 해협을 봉쇄한다는 것은 어떤 의미일까요?

페르시아만과 오만만(인도양)을 연결하는 좁은 바다입니다.

대한민국 유조선, 나포되다

2021년 1월 4일, 대한민국 유조선인 한국케미호가 호르무즈 해협의 공해(公海, 모든 나라가 공통으로 사용할 수 있는 바다)에서 이란 혁명 수비대에 나포되었습니다. 이란 영해에서 기름을 유출해 해양 환경을 오염시키고 있다는 이유였죠.

이에 우리 정부는 청해 부대를 호르무즈 해협 부근으로 급히 파견하는 등 배를 구조하는 데 적극적으로 나섰어요. 대한민국 정부와 국제 사회의 비판이 컸지만, 이란은 3개월 후인 4월 9일에야 선장과 배를 풀어 주었습니다. 실제 우리나라 유조선은 기름 유출 같은 해양 오염을 일으키지 않았어요.

이란이 이러한 사건을 일으킨 이유는 따로 있었습니다. 1월 20일, 이란의 외무 장관은 "한국이 이란에 지급해야 할 70억 달러의 대금을 내지 않고 있다"라고 말했어요. 이 문제의 근본적인 원인은 미국이 주도하는 이란에 대한 세계적 금융 제재라는 것이 밝혀졌죠.

신문이나 뉴스에 자주 나오는 미국과 이란의 갈등은 다른 나라 이야기 같지만, 이처럼 우리에게도 직접적인 피해와 영향을 주고 있어요. 이 두 국가의 갈등이 가장 고조되는 지역이 바로 호르무즈 해협입니다. 이곳에는 어떤 의미가 담겨 있을까요?

호르무즈 해협의 정치적 갈등

미국과 이란이 처음부터 적대적인 관계였던 것은 아니에요. 과거 팔레비 왕조가 이끌던 이란 제국 시절, 두 나라는 서로 도우며 함께 사는 관계였습니다. 팔레비 왕조는 원유를 통해 막대한 부를 쌓았고, 이를 독점하기 위해서 영국과 미국 등 서구 세력에 많은 이익을 보장해 주었죠. 하지만 정권을 유지하기 위해 부정부패를 저질렀고, 결국 이에 반발한 이란 혁명이 일어나면서 팔레비 왕조는 무너지고 말았습니다.

혁명 이후 새롭게 들어선 이란 이슬람 공화국은 미국을 적대시하며 시아파의 이슬람 국가 건설을 선언했어요. 또한 미국 중심의 국제 사회에 맞서기 위해 핵무기를 개발하기 시작했죠. 이로 인해 이란은 경제 제재를 포함한 여러 제한을 받으며 정치적 고립과 경제난에 허덕일 수밖에 없었어요.

이러한 갈등이 봉합된 계기는 2015년 7월 미국의 오바마 대통령이 주도해 유엔안전보장이사회 상임 이사국(미국, 영국, 프랑스, 중국, 러시아)과 독일이 이란과 '이란 핵 협정(JCPOA, 포괄적 공동행동계획)'을 맺게 되면서부터입니다. 이 협정에 따라 국제 사회는 이란에 대한 경제 제재를 해제하고, 이란은 핵 개발을 포기하기로 합의했어요.

하지만 이 평화 협정은 그리 오래가지 못했습니다. 2018년 5월, 미국의 트럼프 정부가 이 협정에서 일방적으로 탈퇴했고, 같은 해 11월에는 이란산 원유 수입 금지 조치를 내렸기 때문이죠.

우리나라는 이란산 원유 수입을 조금씩 줄이다가 2019년 5월부터는 전면 금지했습니다. 그전에 들여온 원유에 대한 대금은 미국의 제재로 동결되었어요. 이것이 앞에서 이야기한 한국케미호 나포 사건의 발단이었습니다.

문제는 석유 가격이 아니다

우리나라는 대부분 원유를 수입에 의존하고 있어요. 1980년 원유 수입 의존도를 보면 사우디아라비아(61.2%), 쿠웨이트(26%), 이란(8.5%) 등 중동 지역에 대한 의존도가 높았습니다. 하지만 중동 지역의 정치적 불안과 석유수출국기구(OPEC)의 공급량 조절 등으로 석유 파동이 일어나자, 우리나라는 원유 수입국을 다양하게 바꾸기 위해 노력했어요. 그 결과 중동 지역에서 수입하는 양을 꾸준히 줄였고, 이란 외에 다른 중동 국가에서 수입하는 양을 늘렸죠.

이란은 우리나라에 원유를 수출하는 대표적인 국가이지만, 이란산 원유는 국내 원유 공급이나 가격에 큰 영향을 미치지 않아요. 문제는 이란의 호르무즈 해협 봉쇄입니다.

페르시아만은 전 세계 원유 생산량의 약 30%를 차지하는 아랍에미리트, 사우디아라비아, 카타르, 바레인, 쿠웨이트, 이라크, 이란이 해안선을 접하고 있어요. 이 국가들에서 생산한 원유는 대부분 호르무즈 해협을 통해 전 세계로 수출됩니다.

만약 이란이 호르무즈 해협을 봉쇄한다면, 우리나라 원유 수입의 약 60%(현재는 러시아-우크라이나 전쟁의 여파로 러시아산 원유를 수입하지 못해 일시적으로 중동 지역 의존도가 70%를 넘고 있음)를 차지하는 중동산 원유 수입에 큰 문제가 생길 거예요. 또한 전 세계로 공급되는 원유의 약 20%가 봉쇄될 것입니다. 이처럼 호르무즈 해협은 전 세계 원유가 이동하려면 막혀서는 안 될 중요한 곳이에요. 그래서 사람들은 이곳을 '기름 동맥'이라고 부른답니다.

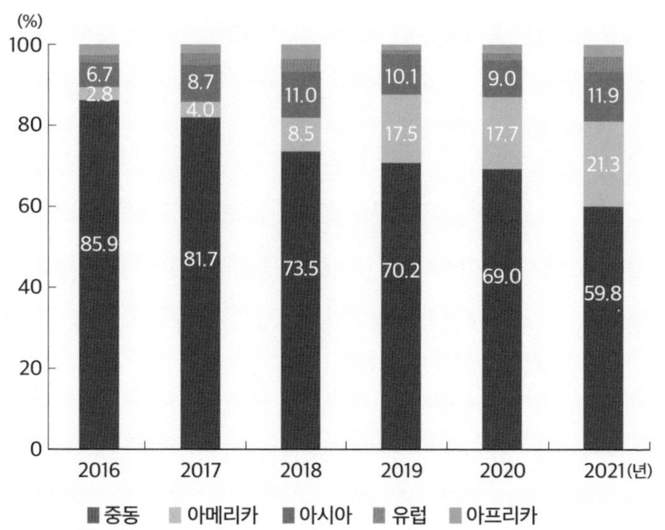

지역별 원유 수입 비중

중동 지역에서 수입하는 양은 계속 줄어들어 50%대에 이르렀습니다.

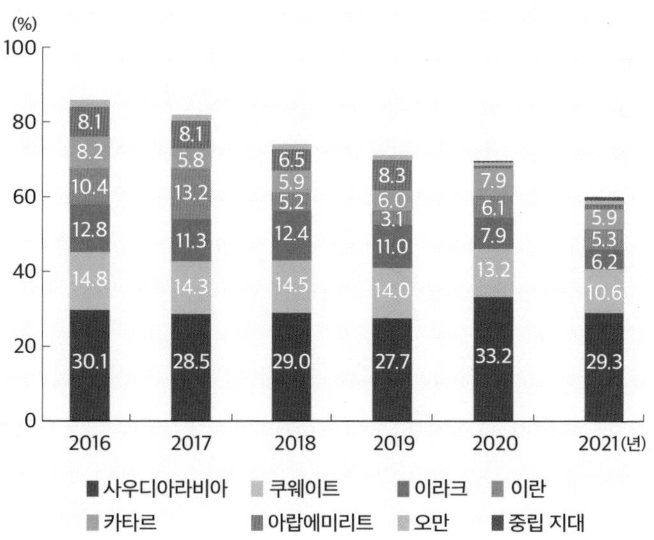

중동 국가별 원유 수입 비중

카타르, 아랍에미리트, 오만 등 수입국을 다변화하고 있습니다.

왜 이곳은 지나가기 어려울까?

호르무즈 해협은 이란에 있는 호르무즈섬의 이름을 따서 지어졌어요. 이 해협에서 가장 폭이 좁은 곳은 이란의 라라크섬과 오만의 그레이트 쾨인섬 사이로, 거리는 약 21해리(약 39km)입니다.

국제법에서는 해안선에서 12해리(약 22km)까지의 바다를 영해로 인정하는데, 이 구간에서는 두 국가의 영해를 완전히 보장해 주지 못해요. 다시 말하면 이 구간은 양국의 영해로만 이뤄져 공해公海가 없는 것이죠.

일반적으로 배는 해당 국가에 특별한 해를 끼치지 않으면 다른 나라의 영해를 통과할 수 있는 무해통항권을 가집니다. 그래서 배들은 이 지역을 자유롭게 이동할 수 있죠. 그런데 이란이 무해통항권을 인정하지 않고 호르무즈 해협을 봉쇄하겠다고 해서 전 세계가 긴장하고 있어요.

이 좁은 해협에는 수많은 배가 드나들고 있어 사고 위험이 큽니다. 그래서 이 해협에서는 배들이 통항 분리 방식에 따라 이동해요. 통항 분리 방식이란 배가 안전하게 다닐 수 있도록 항로를 나누는 방식을 의미합니다. 배가 다닐 수 있는 약 10km의 폭을 세 부분으로 나누어 페르시아만으로 들어가는 길, 나가는 길, 그리고 오가는 배를 구분하는 중간 분리대를 만들었죠.

특히 대형 유조선이 이동할 수 있는 깊은 바닷길은 더 좁고, 이란의 영해에 속해 있습니다. 따라서 페르시아만의 원유를 수송하는 유조선은 반드시 이란의 영해를 지나가야 해요. 이러한 이유로 이란은 호르무즈 해협 봉쇄를 국제 사회를 협박하는 카드로 사용할 수 있는 것입니다.

이란의 무해통항권 봉쇄 조치는 국제법상 허용되지 않아요. 1949년 국제사법재판소는 특정 해협이 공해를 연결하고 있고, 그 해협이 각국의 배가 오가는 항로로 이용되고 있다면 배의 통항을 허락해야 한다는 판결을 내렸습니다. 이를 근거로 이란의 호르무즈 해협 봉쇄 조치는 인정되지 않는다는 해석이 지배적이죠.

하지만 국제 사회가 그러한 이유로 이란을 압박한다면, 이란은 해협에서 군사 훈련을 시행한다며 배의 접근을 막을 수 있고, 해상 검문을 한다며 배의 이동을 지연시킬 수도 있어요. 합법적인 이유로 이동이 지연된다면, 그리 길지 않은 시간일지라도 해당 배와 수출입국에는 막대한 피해를 줄 수밖에 없죠.

이처럼 호르무즈 해협 봉쇄와 그에 따른 이란의 조치는 우리나라뿐만 아니라 세계 경제에 큰 타격을 줄 거예요. 따라서 평화적인 방법으로 문제를 해결하려는 노력이 필요하답니다.

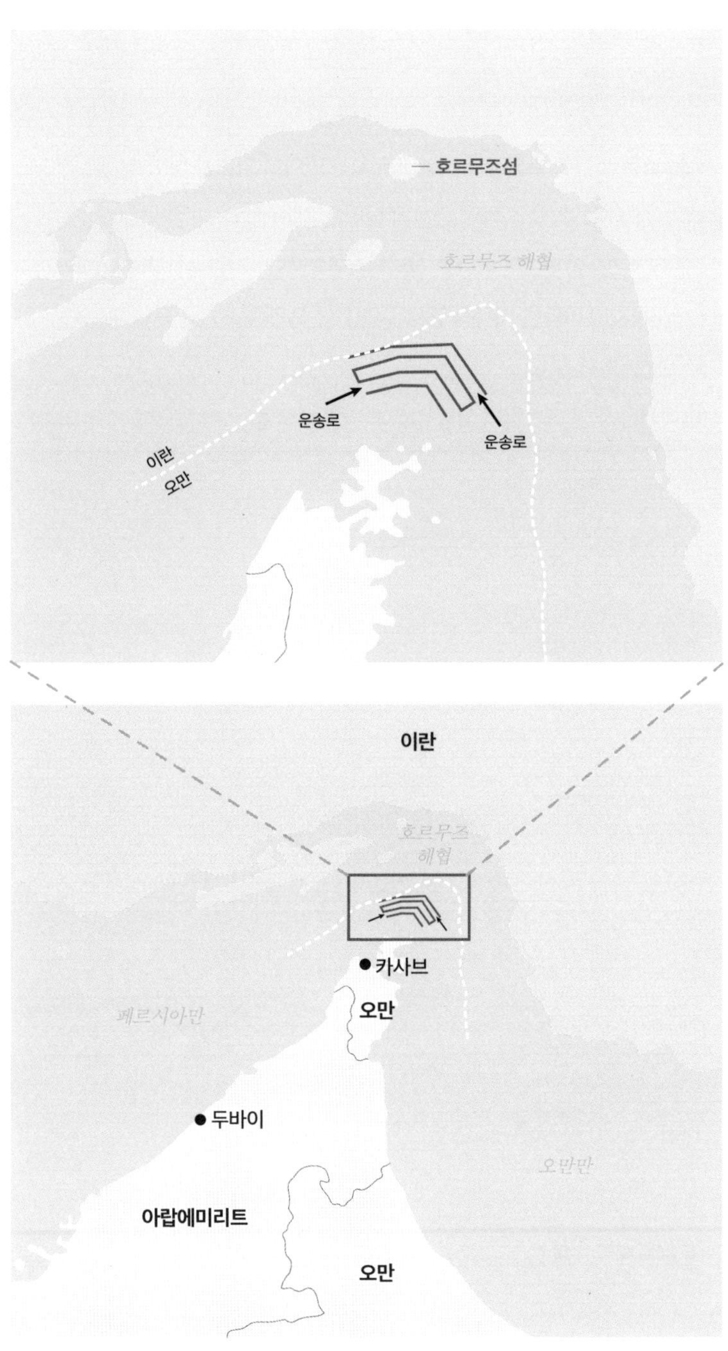

호르무즈 해협의 통항 분리 방식

영해와 무해통항권

영해領海는 국가의 주권과 통치권이 미치는 바다의 범위를 의미합니다. 1982년 유엔해양법회의에서 영해의 범위는 기선(영해의 기준이 되는 선)에서 12해리(약 22km)까지의 바다로 정의되었어요. 또한 기선에서 200해리(약 370km)까지의 바다는 배타적 경제 수역(EEZ, Exclusive Economic Zone)이라고 합니다.

영해에서는 주권 국가만이 어업 활동과 자원 채굴을 할 수 있으며, 주권 국가의

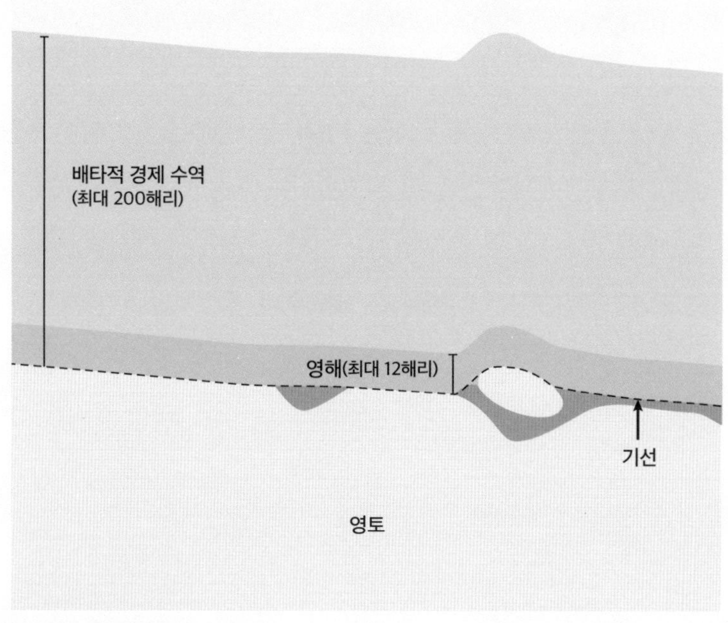

해양 관할권의 구분

호르무즈 해협을 항해하는 영국 군함
군함 근처에 이란 혁명 수비대의 함선이 뒤따르고 있습니다. ©연합뉴스

허락 없이는 다른 나라의 배가 통행할 수 없어요. 영해 범위 안에 다른 나라의 영토나 영해가 포함되면, 해당 국가들은 협의를 통해 영해 범위를 축소해 설정하죠. 배타적 경제 수역은 주권 국가만이 어업 활동과 자원 채굴 등을 할 수 있다는 점에서 영해와 비슷합니다. 하지만 다른 나라의 배가 이동할 수 있다는 점에서 차이가 있죠.

다른 나라의 배가 주권 국가의 안전과 평화에 해를 끼치지 않는다면 사전 통보 후 영해를 지나갈 수 있어요. 이를 무해통항권이라고 합니다. 무해통항을 인정받아도 어업 활동이나 경제 활동은 할 수 없어요. 군함이나 잠수함도 무해통항이 가능한데, 잠수함은 해수면 위로 올라와 자국의 국기를 게양하고 지나가야 한답니다. 또한 유조선, 핵 추진 선박 등 유해 물질을 싣고 운항하는 배는 영해 내에서 정해진 항로로만 이동하거나 통항 분리 방식에 따라 이동해야 해요.

새로운 선택, 홍해

페르시아만의 산유국들은 이란이 호르무즈 해협을 봉쇄하면 막대한 경제적 손해를 볼 수밖에 없어요. 이에 사우디아라비아와 아랍에미리트는 호르무즈 해협을 우회하는 파이프라인을 건설해 운영하고 있습니다.

2012년 사우디아라비아는 페르시아만에 접해 있는 아브카이크 유전에서 생산한 원유를 홍해를 통해 수출할 수 있도록 약 1200km 길이의 파이프라인을 건설했어요. 이로 인해 호르무즈 해협을 통과하지 않고도 사우디아라비아 원유 수출의 약 25%를 홍해를 통해 할 수 있게 되었죠.

같은 해, 아랍에미리트도 수도 아부다비 인근의 하브샨 유전에서 생산한 원유를 호르무즈 해협을 거치지 않고 오만만을 통해 바로 수출할 수 있는 파이프라인을 건설했습니다.

만약 페르시아만에서 인도양으로 빠져나오는 바닷길이 호르무즈 해협처럼 좁지 않았다면, 원유 수송과 관련한 국가 간의 갈등은 크지 않았을 거예요. 호르무즈 해협은 지리적 조건이 국가 간의 관계에 영향을 미칠 수 있다는 것을 잘 보여 줍니다. 이란으로서는 자연이 만들어 준 좁은 호르무즈 해협이 마치 신이 주신 선물처럼 느껴질 거예요.

호르무즈 해협을 우회하는 송유관

하지만 신이 만들어 주셨기에 누구도 대항할 수 없다고 생각했던 과거와 달리 오늘날에는 이러한 상황을 적극적으로 극복하려는 노력이 이어지고 있습니다. 사우디아라비아와 아랍에미리트가 호르무즈 해협을 우회하는 송유관을 만든 것처럼 국가 간의 관계는 자연에 의해 절대적으로 결정되는 것이 아니에요. 자연을 극복할 수도 있고, 새로운 관계를 만들어 갈 수도 있죠.

지브롤터 해협

세상의
끝을
사수하라

플라톤의 저서 《티마이오스》에는 "헤라클레스의 기둥 서쪽 너머에 아틀란티스Atlantis가 있다"라고 쓰여 있습니다. 아틀란티스는 막강한 군사력을 바탕으로 지중해 지역을 점령했다는 전설 속의 국가예요.

당시 사람들은 아틀란티스가 있다고 전해지는 미지의 세계를 'Atlantic Ocean(대서양)'이라고 불렀습니다. 헤라클레스의 기둥은 '세상의 끝'이라고 생각했죠. 그렇다면 이 기둥은 어디에 있을까요?

지중해와 대서양을 연결하는 통로에 있는 좁은 바다입니다.

헤라클레스의 기둥, 대항해 시대를 열다

그리스·로마 신화에는 헤라클레스의 열두 가지 과업 이야기가 나옵니다. 제우스는 자신을 대신해 인간을 도와줄 아들이 필요하다고 생각하고, 인간 여성 알크메네와의 사이에서 아들을 얻게 돼요. 그가 바로 헤라클레스입니다.

제우스의 아내인 헤라는 남편이 외도해서 낳은 헤라클레스를 미워하며 그에게 미치광이가 되는 저주를 내려요. 결국 헤라클레스는 자신의 아내와 자식을 죽이게 되고, 이 죄를 씻기 위해 열두 가지 과업을 시작합니다.

이 과업 중 열 번째는 거인 게리오네스의 소 떼를 몰고 오는 것이었어요. 이를 위해 헤라클레스는 지중해 서쪽 끝에 있는 아틀라스산맥을 넘어야 했습니다. 소를 몰고 산을 넘는 것이 힘들었던 헤라클레스는 엄청난 힘을 발휘해 산줄기를 끊어 버렸죠. 그

헤라클레스의 기둥 위치 ©구글 어스

헤라클레스의 기둥 중 하나로 알려진 지브롤터 바위

결과 만들어진 것이 대서양과 지중해를 연결하는 지브롤터 해협이라고 해요.

이때 부서지고 남은 산맥의 흔적이 지브롤터 해협 양쪽에 있는데, 이를 '헤라클레스의 기둥'이라고 부릅니다. 북쪽 기둥은 현재 영국령인 지브롤터에 있는 지브롤터 바위이고, 남쪽 기둥은 정확한 기록이 남아 있지 않지만 북아프리카의 모로코에 있는 몬테 아초Monte Hacho라는 설이 유력하다고 해요.

지중해를 중심으로 살던 고대인들은 헤라클레스의 기둥을 세상의 끝으로 생각했습니다. 지구가 평평하다고 믿었기에 헤라클레스의 기둥을 지나 더 먼 바다로 나가면 깊이를 가늠할 수 없는 어둠 속으로 떨어진다고 여겼죠.

에스파냐 국장
헤라클레스의 기둥 양쪽을 감싼 붉은 리본에 'PLVS VLTRA'가 적혀 있습니다.

에스파냐 국기

15세기 에스파냐가 헤라클레스의 기둥을 넘어 대서양을 향해 나아가면서 대항해 시대가 열렸습니다. 신성 로마 제국의 황제이자 에스파냐의 왕이었던 카를 5세는 '헤라클레스의 기둥을 넘지 말라'는 금기를 깨고 대항해 시대를 시작했어요. 그는 '보다 먼 세계로 나아가자'는 의미의 라틴어 'PLVS VLTRA'를 자신의 좌우명으로 삼아 에스파냐 국장에 넣었습니다. 이 문구와 헤라클레스의 기둥은 오늘날 에스파냐 국기에도 남아 있어요.

에스파냐의 식민지 개척은 라틴 아메리카까지 이어졌습니다. 당시 에스파냐 식민지였던 멕시코에서 만들어 사용된 에스파냐 동전에는 이 국장이 그려져 있어요. 이 화폐는 라틴 아메리카뿐만 아니라 미국과 캐나다에서도 널리 사용되었죠.

에스파냐 8레알 동전에 새겨진 헤라클레스의 기둥과 리본

미국 달러 표기

이처럼 에스파냐 화폐가 널리 사용되면서 미국 화폐인 달러의 기호($)도 이 동전의 영향을 받았다는 설이 나왔어요. 즉, 달러 기호는 헤라클레스의 기둥을 둘러싼 리본을 상징하는 것입니다.

유럽 진출의 전진 기지

지브롤터 해협은 유럽과 아프리카를 연결하는 길목에 있고, 유럽으로 진출하는 전진 기지 역할을 할 수 있습니다. 그래서 예로부터 많은 국가가 이 지역을 두고 쟁탈전을 벌였어요. 이러한 이유 때문인지 지브롤터를 마주하고 있는 지역, 즉 헤라클레스의 기둥이라 불리는 곳에서는 여전히 영토 분쟁이 이어지고 있답니다.

북쪽에는 영국령 지브롤터가 있어요. 지브롤터의 면적은 6.8km²로, 여의도 면적(8.4km²)의 80%밖에 되지 않는 좁은 땅입니다. 이 땅을 차지하기 위해 많은 국가가 도전장을 내밀었죠.

기원전 950년경 페니키아가 지브롤터를 점령하면서 군사적 요충지로 활용했고, 이후 카르타고와 로마도 아프리카와 유럽을 연결하는 이곳에 거점을 형성했습니다. 711년에는 이슬람 세력이 지브롤터를 점령하면서 에스파냐를 공격했는데, 당시 이슬람군을 이끌었던 장군의 이름이 타리크였어요. 해발 고도 약 300m

지중해는 사막이었다

약 6500만 년 전, 현재의 지중해는 지금보다 동쪽으로 더 길게 뻗어 있었으며, 테티스해라고 불렸어요. 이 바다는 한때 사막이었다는 사실이 밝혀졌죠. 지중해 지역이 사막이 된 이유를 설명하는 몇 가지 설이 있습니다. 가장 많이 알려진 것은 판이 충돌하면서 지브롤터 해협 부근이 융기(땅이 기준면에 대해 상대적으로 높아짐)했다는 설이에요. 아프리카판이 북상하면서 동쪽으로는 튀르키예, 서쪽으로는 이베리아반도와 충돌해 현재 지중해처럼 육지에 둘러싸인 바다가 되었습니다. 이때 지브롤터 해협 부분이 판의 충돌로 인해 융기하면서 대서양과 지중해를 차단하게 되었어요. 이 지역은 아열대 고기압의 영향으로 뜨겁고 건조한 날씨가 이어지면서 바닷물이 빠르게 증발했고, 대서양에서 바닷물이 들어오지 못하자 점차 사막으로 변했다는 설입니다.

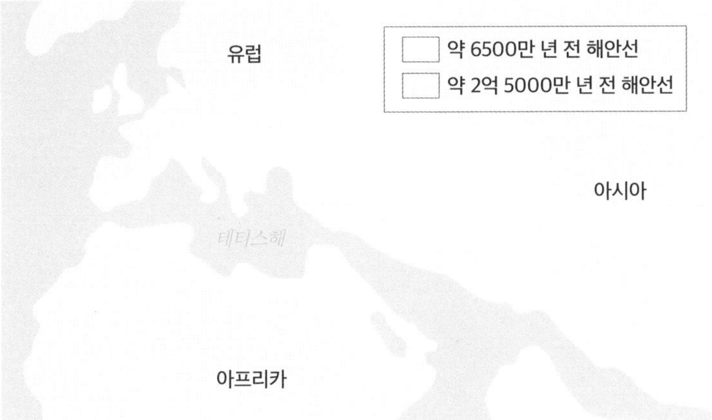

대륙의 이동으로 점차 폐쇄되는 테티스해

또 다른 설은 빙하기에 남극의 빙하가 확장하면서 해수면이 낮아졌다는 거예요. 해수면이 낮아지면서 지중해로 들어오는 바닷물의 양이 줄어들고, 뜨겁고 건조한 날씨로 인해 증발량이 많아지면서 지중해는 점점 육지로 변하게 되었습니다. 바닷물이 누르고 있던 압력이 줄어들자, 지중해의 서쪽 끝인 지브롤터 해협이 지각 평형 작용으로 솟아올라 육지로 변했죠. 이로 인해 대서양으로 들어오는 바닷물이 차단되어 사막이 되었다는 설입니다.

이 두 가설은 모두 지중해가 바다였다가 육지로 바뀌면서 사막이 되었다고 설명합니다. 이후 후빙기가 되면서 해수면이 상승하고, 대서양의 바닷물이 지중해로 흘러 들어가 현재 모습이 된 거예요. 지중해 지역은 증발량이 많아 대서양보다 해수면이 낮습니다. 이로 인해 대서양의 표층수가 지중해로 흘러 들어오죠. 반대로 염분 농도가 높은 지중해의 바닷물은 심해에서 대서양으로 빠져나갑니다. 이때 농도가 다른 두 바닷물은 서로 섞이지 않은 채 좁은 지브롤터 해협을 빠른 속도로 지나가게 돼요.

의 석회암 바위산인 지브롤터의 이름은 '타리크의 산'을 뜻하는 아랍어 '자발 알 타리크Jabal al-Tāriq'에서 유래했다고 전해지죠.

이후 에스파냐는 이슬람 세력을 물리치고 지브롤터를 점령했지만, 왕위 계승 전쟁에서 패하면서 이 지역을 영국에 빼앗기게 됩니다.

왕위 계승 전쟁은 1700년 에스파냐 국왕 카를로스 2세가 후사 없이 사망하면서 시작되었어요. 후계자로는 프랑스 왕 루이 14세의 손자 필리프 공작이 낙점되었습니다. 하지만 프랑스와 사이가 좋지 않았던 영국은 프랑스 세력이 커질 것을 우려해 필리프의 왕위 계승을 반대하는 전쟁을 벌였어요. 13년간의 전쟁 끝에 영국은 승리를 거두고, 1713년 위트레흐트 조약을 체결하죠. 이 조약으로 필리프는 에스파냐 국왕이 되었지만, 프랑스와 에스파냐가 합병하지 않는 것을 약속하고 에스파냐는 지브롤터 등의 영토를 승전국에 넘겨주게 되었어요. 이때 영국이 지브롤터를 차지하게 된 것이랍니다.

지브롤터는 제1차 세계 대전과 제2차 세계 대전 당시 중요한 군사적 요충지 역할을 했어요. 특히 제2차 세계 대전 때는 미군이 지브롤터를 전진 기지로 사용했고, 독일군은 지중해를 점령하기 위해 지브롤터를 폭격하기도 했죠. 현재도 이곳은 영국 항공 모함이 정박하는 영국 해군의 거점 역할을 톡톡히 하고 있습니다.

에스파냐는 지브롤터를 되찾기 위해 많은 노력을 했지만 모

지브롤터(영국령)와 세우타(에스파냐령)

두 실패했어요. 1969년 영국은 지브롤터에 자치권을 부여했고, 1981년 지브롤터 주민들에게 영국 시민권을 부여하면서 영국 영토임을 확고히 했습니다. 2002년 11월에는 '에스파냐령과 영국령 중 어디로 갈 것인가?'에 대해 국민 투표를 실시했고, 지브롤터 주민의 99%가 영국 잔류를 선택해 현재까지 영국령으로 남아 있죠.

에스파냐가 지브롤터 반환을 요구하는 것에 대해 비난하는 국제 여론이 큽니다. 그 이유는 에스파냐가 같은 논리로 모로코의 멜리야(1497년 편입)와 세우타(1668년 편입)를 점령하고 있기 때문이죠. 이 두 지역은 에스파냐가 강제로 점령한 땅이에요. 모로코 정부는 여러 차례 반환을 요구했지만, 에스파냐는 전략적 요충지인 이 지역을 넘겨줄 수 없다는 주장을 계속하고 있습니다. 이처럼 에스파냐가 강제로 점령한 땅은 소유권을 주장하면서, 정작 자신들이 빼앗긴 땅은 돌려 달라고 요구하는 것은 명분이 없어 보여요.

브렉시트 이후: 영국과 에스파냐 사이에서

2016년 6월, 영국은 국민 투표를 통해 유럽 연합(EU)에서 탈퇴하기로 했습니다. 이로 인해 영국은 유럽 연합 회원국 간의 자유로운 이동에 제한을 받게 되었죠.

지브롤터에서는 브렉시트(Brexit, 영국의 유럽 연합 탈퇴) 투표 당시 유럽 연합에 남자는 의견이 압도적이었지만, 영국의 탈퇴가 결정되면서 주민들은 곤란한 상황에 빠졌어요. 그 이유는 지브롤터의 경제가 에스파냐와 밀접한 관련을 맺고 있기 때문입니다. 매일 1만여 명의 주민이 에스파냐와 지브롤터를 왕래하며 일하고 있어서 주민들은 영국의 속국으로 남기를 바라면서도 에스파냐와 자유롭게 왕래하기를 희망하고 있죠.

영국이 유럽 연합과 체결한 브렉시트 협상 지침에는 "유럽 연합과 영국 간에 맺어지는 어떤 협정도 에스파냐의 동의 없이는 지브롤터에 적용될 수 없다"라고 명시되었습니다. 이는 지브롤터를 둘러싼 영국과 에스파냐의 갈등에 불을 지폈어요. 유럽 연합은 브렉시트 협상에서 에스파냐가 지브롤터에 대해 주장하는 법적·정치적 근거를 인정한 것입니다.

이를 두고 영국은 1982년 아르헨티나가 남대서양의 포클랜드 섬을 점령했을 때, 마거릿 대처 총리가 군대를 파견해 전쟁을 승리로 이끌었던 이야기를 꺼내면서 제2의 포클랜드 전쟁을 준비하겠다고 으름장을 놓았어요. 이러한 강력한 조치 덕분인지, 유럽 연합과 영국은 2020년 12월 31일 "지브롤터는 영국령으로 브렉시트 이후 유럽 연합을 자유롭게 이동할 수 있는 솅겐 조약 대상 국가가 아니지만, 지브롤터는 예외로 에스파냐와 자유롭게 왕래할 수 있도록 한다"라는 합의에 도달했답니다.

지브롤터 해협의 경제적 가치

지브롤터 해협은 대서양과 지중해를 연결하고, 지중해를 넘어 인도양까지 이어지는 요충지입니다. 에스파냐, 이탈리아, 그리스 등 지중해 주변 국가들이 대서양으로 나가려면 지브롤터 해협을 반드시 지나가야 해요. 이 국가들은 대항해 시대 이후 무역량이 늘어나며 강대국이 되었습니다. 그래서 지브롤터 해협은 경제적으로 의미가 큰 지역이었죠.

특히 1869년 이집트에 수에즈 운하가 개통된 후 지브롤터 해협의 중요성은 더욱 부각됩니다. 지중해에서 수에즈 운하를 통해 홍해를 거쳐 인도양으로 빠져나가는 바닷길이 만들어지자, 북서 유럽 국가들에도 유럽에서 아시아로 갈 수 있는 가장 짧은 경로가 열린 거예요.

한편 유럽과 아프리카를 오가는 무역량과 관광객 등이 증가하면서 지브롤터 해협에 육로를 건설하자는 논의가 활발해졌습니다. 에스파냐와 모로코는 1979년 유럽과 아프리카를 연결하는 사업의 타당성을 검토하기 시작했어요. 두 나라는 2007년 지브롤터 해협을 연결하는 해저 터널을 건설하기로 합의했죠.

지브롤터 해협에서 가장 좁은 지점은 약 14km로 길지 않지만, 수심이 900m가 넘기 때문에 공사가 쉽지 않습니다. 이러한 이유로 에스파냐의 타리파와 모로코의 탕헤르를 연결하는 40km 구간에 해저 터널을 건설하기로 결정되었어요. 하지만 이 공사도 여러 난관에 부딪혔습니다. 그 이유는 무엇일까요?

첫째, 이 지역은 수심이 깊기 때문입니다. 가장 수심이 얕은 곳

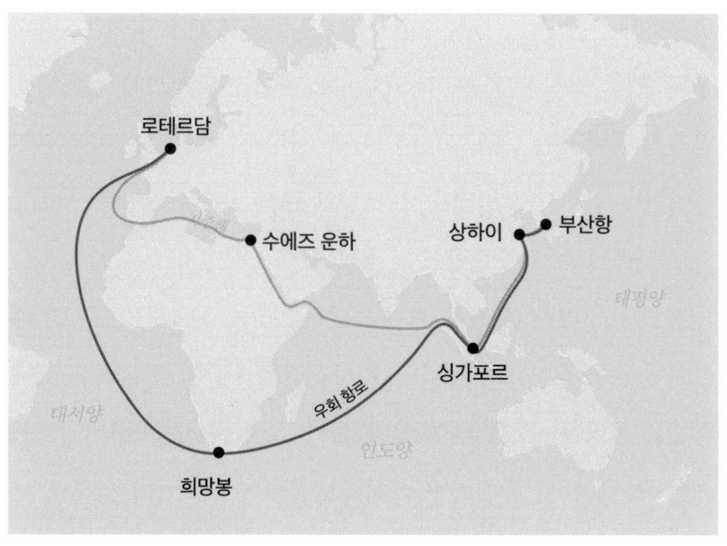

지브롤터 해협의 중요성

이곳이 막히면 수에즈 운하를 거치지 못하고 희망봉을 지나가는 긴 우회로를 이용해야 합니다.

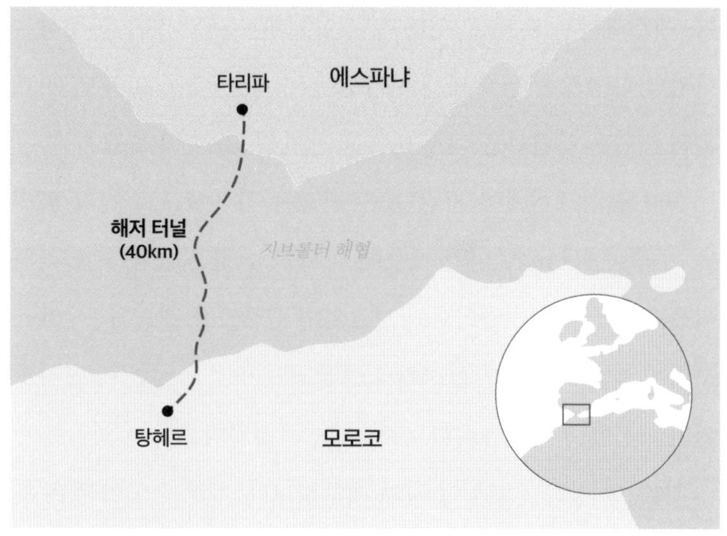

지브롤터 해협을 연결하는 해저 터널 루트

도 300m로, 지금까지 건설된 해저 터널에 비하면 매우 깊어요. 예를 들어 영국과 프랑스를 연결하는 유로 터널의 수심은 40m에 불과하죠.

둘째, 이 지역은 해류의 속도가 빠르기 때문입니다. 좁은 해협을 지나가는 빠른 해류로 인해 공사가 쉽지 않아요.

셋째, 이 지역은 아프리카판과 유럽판의 경계 지점이어서 지진이 자주 발생하기 때문입니다. 내진 설계를 하려면 건설 비용이 많이 증가하는 문제가 발생해요.

전문가들은 이 구간의 건설 비용이 최대 약 19조 원에 이를 것으로 예측하고 있습니다. 현재 유로 터널은 적자가 계속되어 파산 위기에 있으며, 일본의 세이칸 터널도 정부 보조로 겨우 운영되고 있어요. 이러한 예를 보면, 해저 터널의 경제성이 반드시 높다고 할 수는 없죠.

이 구간의 건설 논의는 2007년 합의 이후 진전이 없다가 2023년 2월 모로코와 에스파냐의 고위급 회담에서 2030년 공사를 시작하기로 합의했다는 소식이 전해졌어요. 유럽과 아프리카의 연결로 새로운 시너지가 만들어지기를 기대해 봅니다.

세이칸 터널 — 일본의 자부심, 대륙 진출의 꿈

운하

고트하르트 베이스 터널 — 지구를 생각하는 선 긋기

수에즈 운하 — 고갈되지 않는 자원

터널

파나마 운하 — 태평양과 대서양을 오가는 자유

수에즈 운하

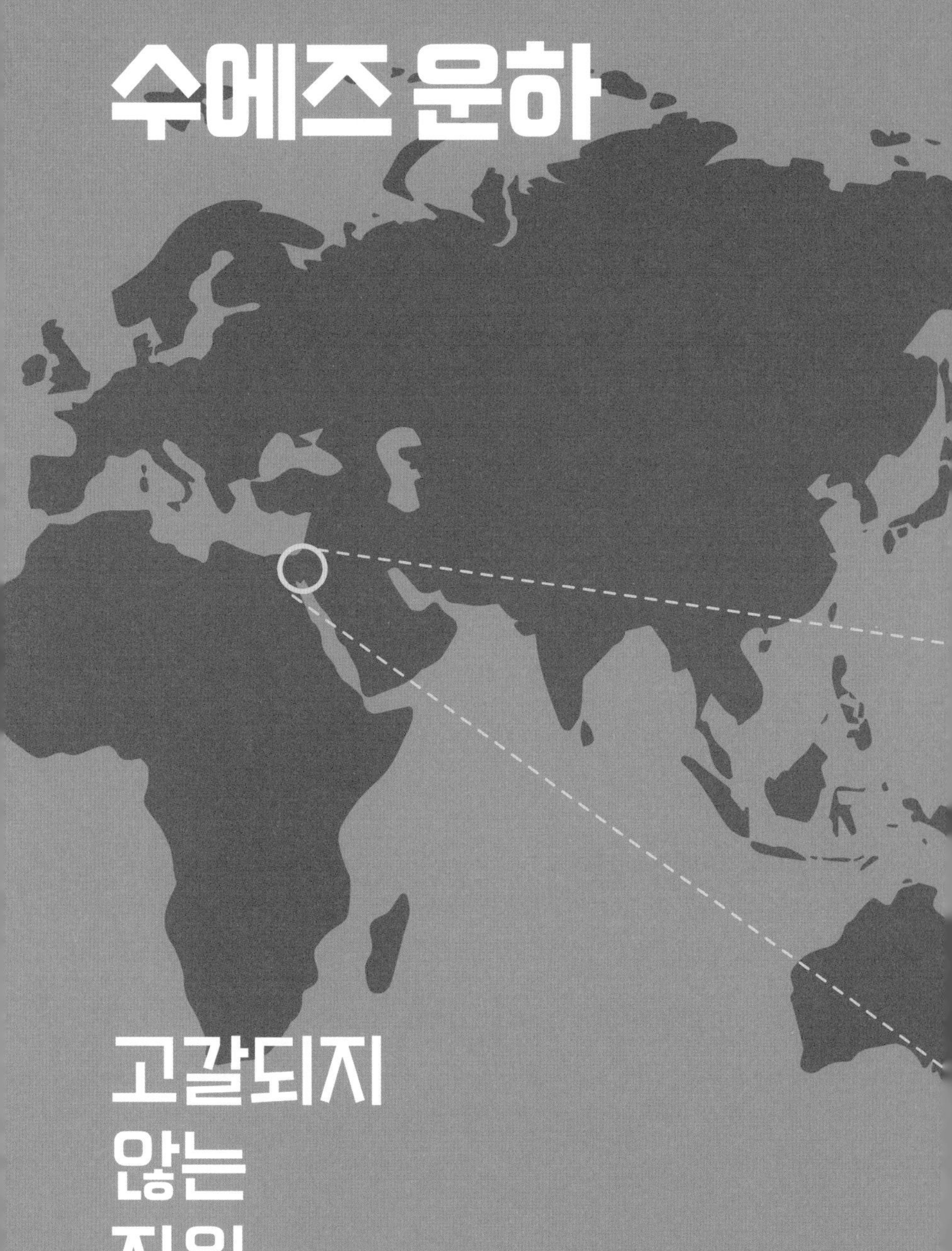

고갈되지 않는 자원

'구대륙'이라 불리는 아시아, 유럽, 아프리카는 서로 연결되어 있어요. 하지만 유럽과 아시아 사이에는 사막과 산맥이, 유럽과 아프리카 사이에는 바다와 사막이 장벽으로 작용하고 있죠. 수에즈 운하는 육지로 연결되어 있던 아시아와 아프리카 사이에 수로라는 선을 긋는 한편, 유럽의 지중해와 아시아의 인도양, 더 나아가 태평양을 연결해 주는 선이 되었습니다. 그렇다면 수에즈 운하는 어떤 지정학적 의미를 지니고 있을까요?

이집트 동북부에 있으며, 지중해와 홍해를 연결해 주는 인공 수로입니다.

배 한 척이 전 세계 물류의 흐름을 막다

2021년 3월, 좁은 뱃길에 끼어 버린 한 척의 배가 전 세계 물류 흐름에 큰 지장을 초래하는 사건이 발생했어요. 오른쪽 위 사진에서는 장난감처럼 보일 수도 있지만, 에버기븐호는 길이가 400m에 달하는 초대형 컨테이너선이었습니다. 이 배는 폭이 205m인 수에즈 운하의 길을 완전히 막아 버렸죠.

그 결과 에버기븐호에 실려 있던 약 20만 톤의 컨테이너 화물들의 발이 묶였을 뿐만 아니라, 수에즈 운하를 이용하려던 400여 척의 배도 운항 지연을 겪게 되었어요. 에버기븐호가 인양되는 데 걸린 기간은 단 6일이었지만, 그동안 국제 유가는 6% 이상 상승했고 전 세계 물류 대란은 약 1년 동안 이어졌답니다.

우리나라 기업들도 이집트에 생산 시설이 있고, 이곳에서 만

수에즈 운하를 가로막은 에버기븐호

에버기븐호의 크기를 짐작할 수 있는 사진

포클레인이 장난감처럼 보입니다. ©연합뉴스

든 제품들은 지중해 쪽 알렉산드리아항과 수에즈 운하를 거쳐 유럽, 서남아시아, 아프리카 등으로 수출됩니다. 따라서 이 사건으로 우리나라 기업들도 적지 않은 피해를 보았어요. 수출뿐만 아니라 원자재나 부품을 수입해 제품을 만드는 제조업체들도 어려움을 겪을 상황이었죠.

수에즈 운하는 어떤 곳이기에 한 장소에서 발생한 사고가 전 세계에 영향을 미친 것일까요? 수에즈 운하의 위치와 지정학적 맥락을 살펴보면서 이야기를 이어 가 보겠습니다.

바다와 바다의 연결 고리

운하는 배가 다닐 수 있도록 인공적으로 만든 물길을 뜻합니다. 그중 수에즈 운하는 독특한 지정학적 의미를 지니고 있어요.

수에즈 운하의 동쪽과 서쪽을 연결하는 도로가 있기는 하지만, 전체적으로 보면 육지로 연결되어 있던 아프리카와 아시아 사이에 운하라는 인공적인 선이 생기면서 두 대륙이 갈라지게 된 셈입니다. 반대로 바다와 해운의 측면에서 생각해 보면, 시나이 반도라는 육지의 장애물을 넘어갈 기회가 생겼어요. 홍해를 통해 지중해와 인도양이 연결되면서, 바닷길로 유럽과 아시아에 접근할 수 있는 가능성을 높여 준 시설인 것이죠. 이를 통해 수에즈 운하를 만들고 운영했던 세력이 아프리카와 아시아의 연결성보다 아시아와 유럽의 연결성에 더 관심이 있었음을 짐작할 수 있어요.

물자 수송이나 군사 작전 등에서 전략상 중요한 길목을 초크 포인트Choke Point라고 합니다. 수에즈 운하는 전 세계적으로 유명한 초크 포인트 가운데 하나랍니다.

지도와 통계를 살펴보면 수에즈 운하의 중요성을 더 쉽게 이해할 수 있어요. 유럽에서 수에즈 운하를 많이 이용하는 대표적인 항구는 네덜란드의 로테르담항입니다. 이곳을 중심으로 서남아시아, 남아시아, 동아시아까지 연결될 수 있죠.(84쪽 지도 참고)

수에즈 운하를 통과하는 화물 중 가장 많은 것이 석유예요. 그리고 석유가 가장 많이 생산되는 지역 중 하나가 바로 페르시아만입니다. 유럽의 여러 나라가 이곳에서 생산된 석유를 수입하고 있어요.

페르시아만에서 운송되는 석유는 수에즈 운하를 통과해서 이동하면 아라비아반도만 돌아가도 지중해로 들어갈 수 있습니다. 하지만 수에즈 운하가 없다고 가정하면 아프리카 대륙의 동쪽, 남쪽, 서쪽을 빙 돌아가야 유럽에 도착하게 돼요. 사우디아라비아의 항구 도시 라스타누라에서 네덜란드의 로테르담까지 이동하는 해상 운송 경로를 생각해 보면, 수에즈 운하를 이용할 때 운송 거리가 절반 이상 줄어든답니다.

국제에너지기구(IEA)에 따르면, 2023년 기준 세계 해상 석유 운송량의 약 10%가 수에즈 운하를 통과한다고 합니다. 자원의 편재성(특정 지역에 집중적으로 자원이 분포하는 특성)이 큰 석유는 원활한 운송을 보장받는 것이 굉장히 중요해요. 그런 점에서 수에

수에즈 운하로 단축된 이동 거리

수에즈 운하를 통해 네덜란드 로테르담에서 사우디아라비아의 지다와 라스타누라, 싱가포르를 거쳐 일본 도쿄를 잇는 경로가 생기며 화물 운송 거리가 크게 줄었습니다. ©이집트 수에즈 운하청

즈 운하는 유럽에 매우 중요한 역할을 한답니다.

물론 석유 외에도 수에즈 운하를 통과하는 물류량은 매우 많습니다. 영국의 조선·해운 분석 기관인 클락슨에 따르면, 2022년 기준 수에즈 운하의 물동량은 세계 물동량의 12%, 컨테이너 물동량의 32% 수준이라고 해요. 에버기븐호의 사례를 통해 알 수 있듯이 수에즈 운하가 막히면 전 세계 물류의 숨구멍이 막힐 수도 있죠.

수에즈 운하를 통해 이집트가 얻게 되는 수익도 무시할 수 없어요. 2022년 기준, 이집트는 수에즈 운하를 통해 약 80억 달러(약 10조 원)의 수익을 올렸습니다. 이집트의 3대 외화 공급원은 관광 수입, 해외 노동자의 송금액, 그리고 수에즈 운하의 통행료예요. 우리나라도 매년 약 3억 달러(약 4000억 원)를 수에즈 운하의 통행료로 지불하고 있답니다.

정해져 있는 수륙 분포 상황에 갇히지 않고, 육지와 바다의 경계를 뛰어넘는 도전이 전 세계에 미친 영향력은 작지 않아요. '선을 넘는' 지정학적 상상력의 힘을 실감하게 해 주는 장소가 바로 수에즈 운하입니다.

이집트의 품으로 돌아오기까지

아프리카에서 자원이 풍부한 나라들은 비슷한 역사가 있습니다. 외국 세력이 자원의 소유권을 자주 빼앗았죠. 수에즈 운하는 자원처럼 고갈될 걱정을 하지 않아도 되기 때문에, 매장량이 많은 주요 자원들과 비교해 봐도 실익이 적지 않습니다. 여기에 눈독을 들인 강대국이 많았죠.

특히 운하가 처음 건설될 때부터 관심을 가졌던 프랑스와 영국의 영향을 오래도록 받았지만, 결국 수에즈 운하는 이집트의 품으로 돌아오게 되었어요. 이러한 과정 자체가 수에즈 운하의 중요성을 보여 주고 있어서 간략하게 소개해 보려 합니다.

무려 기원전에도 수에즈 지역에 운하를 만들려는 시도가 있었어요. 피라미드를 보면 알 수 있듯이 고대 이집트는 굉장히 높은 수준의 건축·토목 기술을 가지고 있었습니다. 이러한 기술을 바탕으로 나일강 하류 중 가장 동쪽 지류를 활용해 지중해와 수에즈를 간접적으로 연결하려 했다는 기록이 있어요. 공사가 상당히 진행되었지만, 적에게 이용될 것이라는 신탁을 받고 완공을 포기했다는 이야기가 헤로도토스의《역사》에 나옵니다.

수에즈 운하 건설은 이집트뿐만 아니라 주변의 여러 국가와 세력에게도 욕심나는 사업이었어요. 수에즈 운하가 개통되기 전

500년간의 도전, 굴포 운하와 안면 운하

우리나라에서도 인공적인 뱃길을 만들려는 시도가 꾸준히 있었습니다. 특히 지방에서 보내는 곡물을 배로 운반하는 과정에서 어려움이 있었어요. 태안반도 주변은 밀물과 썰물의 차이가 크고 암초가 많아 배가 파괴되는 경우가 많았죠. 이러한 문제를 해결하기 위해 굴포 운하를 건설하려 했어요.

고려 시대부터 조선 시대까지 약 500년 동안 10여 차례나 시도했지만, 암반이 단단하고 홍수가 발생할 때마다 공사가 지연되면서 결국 실패했습니다. 대신 조금이라도 안전한 뱃길을 조성하기 위해 안면 운하를 만들어 안면곶을 육지와 분리했고, 천수만을 통해 배가 이동할 수 있게 되었어요. 우리나라에서 여섯 번째로 큰 섬인 안면도는 원래 육지였던 셈입니다.

고려에서 조선으로 왕조가 바뀌는 상황에서도 굴포 운하를 만들려 했던 것을 보면, 그 필요성이 얼마나 컸는지 짐작해 볼 수 있어요.

굴포 운하와 안면 운하의 위치

에는 유럽 국가들이 인도나 중국과 교류하려면 사막과 산맥을 통과하는 험난한 육로를 선택하거나, 아프리카 대륙을 빙 둘러서 서쪽 해안을 따라 남쪽 끝을 지나 인도양으로 접어들어야 했습니다. 이 항해가 워낙 길고 험난했기 때문에 뱃사람들은 아프리카 남쪽에서 만나게 되는 높은 산을 '희망봉'이라고 불렀죠. 이 산이 보이면 절반 정도 온 것이므로 항해가 성공할 가능성이 높다고 생각한 거예요.

이 때문에 수에즈 운하 건설 계획은 정치적·경제적 이유로 계속 많은 주목을 받았지만, 여러 문제로 인해 실현되지 못합니다. 오스만 제국과 베네치아 공화국 등이 시도했지만 실패로 돌아가고, 프랑스의 루이 14세와 나폴레옹도 조사를 진행하다 포기하고 말죠. 이후 이집트에서 활동하던 프랑스 외교관 레셉스가 구체적인 계획을 세우고 공사를 진행하면서, 프랑스와 이집트가 합작으로 수에즈 운하를 건설하기 시작했어요.

프랑스는 영국이 아프리카 남부의 희망봉 인근을 장악하고, 아프리카를 돌아가는 해상 무역로를 관리하며 큰 수익을 내는 것을 못마땅하게 생각했습니다. 이에 대응하기 위해 프랑스는 수에즈 운하 건설에 집중하죠. 10년에 걸쳐 이뤄진 이 공사에는 약 150만 명의 노동자가 동원되었어요. 하지만 이집트 정부의 강제노역으로 인해 많은 노동자가 영양실조, 과로, 전염병 등으로 죽게 되었습니다.

1869년 수에즈 운하 완공 후 준설 작업 현장(1880년경)

물의 깊이를 깊게 해서 배가 잘 드나들 수 있도록 수에즈 운하 바닥에 쌓인 모래를 파내고 있습니다.

수에즈 운하의 지중해 기점인 포트사이드

영국은 수에즈 운하가 개통되면 해상 무역의 주도권을 잡을 수 없으리라는 계산으로, 프랑스가 자금 마련을 위해 주식을 판매하는 것을 방해했어요. 이집트, 프랑스, 영국 모두 수에즈 운하의 지정학적 중요성을 알아본 셈이죠.

우여곡절 끝에 수에즈 운하는 완공됩니다. 하지만 프랑스는 프로이센-프랑스 전쟁에서 패배하면서 이집트와 수에즈 운하를 지원할 여력을 잃게 돼요. 결국 이집트가 수에즈 운하 관련 주식을 영국에 판매하면서 영국은 더욱 부강해지게 됩니다.

이 과정과 관련한 유명한 일화가 있어요. 당시 영국 총리였던 벤저민 디즈레일리는 수에즈 운하 관련 주식을 반드시 영국이 사야 한다고 생각했지만, 예산이 부족한 상황이었습니다. 그래서 영국의 부유한 로스차일드 가문과 긴급 저녁 식사 자리를 마련하고 단도직입적으로 돈을 빌려 달라고 요청했죠. 이에 로스차일드 가문은 어떤 담보(빚을 갚지 못할 경우를 대비해 마련된 수단)를 제시할 수 있는지 물었어요. 그러자 디즈레일리 총리는 "담보는 대영제국입니다"라고 대답했습니다. 영국 총리의 자부심과 함께 수에즈 운하를 통해 얻을 이익에 대한 확신이 느껴지는 답변이죠.

그렇지만 수에즈 운하와 관련된 대결 구도는 끝나지 않았습니다. 제2차 세계 대전 이후, 식민 지배를 받던 여러 나라가 독립하면서 주권을 회복했고, 이집트도 수에즈 운하의 국유화를 선언했어요. 이에 분노한 영국은 프랑스, 이스라엘 등과 연합해 수에즈 운하를 공격했습니다.

하지만 냉전 시대에 한 나라라도 우방으로 끌어들이려 했던 미국은 이러한 상황으로 인해 이집트를 놓치게 될까 봐 걱정이 컸고, 소련도 이집트를 지지했어요. 다른 국가들은 이 사태가 세계 대전으로 확대될 것을 우려했죠. 결국 영국, 프랑스, 이스라엘은 퇴각했고, 이집트는 전쟁에서 패배했음에도 수에즈 운하를 지켜 낼 수 있었답니다.

대영 제국의 힘이 본격적으로 약해지는 시점을 이때로 보는 견해도 있습니다. 이러한 과정을 통해 수에즈 운하의 중요성이 얼마나 큰지 생각해 볼 수 있어요.

수에즈 운하는 스마트폰

터치가 되지 않고 영상 재생 기능도 없는 핸드폰을 상상하기는 쉽지 않습니다. 예전에는 흑백 화면에 단 네 줄의 문자만 적을 수 있는 폴더형 핸드폰을 사용할 때도 있었어요. 사실, 인간의 역사를 생각해 보면 핸드폰이라는 기계 자체가 없던 시기가 있던 시기보다 훨씬 길었죠. 그럼에도 어릴 때부터 스마트폰을 사용했던 사람들은 핸드폰이 없던 시대의 일상을 짐작하기 어려울 것 같아요. 새로운 발명이나 발견이 일상생활을 파고드는 힘은 어마어마합니다. 한번 익숙해진 편리함을 포기하기는 쉽지 않죠.

갑자기 웬 스마트폰 이야기냐고요? '선을 넘는 행동'도 비슷하지 않을까 싶어서요. 한번 선을 넘으면 그 이전의 상황은 기억하기 어려울 정도로 삶에 큰 변화를 가져오곤 하니까요. 마찬가지로 '선'을 넘게 해 준 수에즈 운하는 우리의 일상에 깊게 들어온 스마트폰처럼 물자의 이동과 물류에 엄청난 편리함을 가져다준 놀라운 도전이자 진보였죠.

서남아시아 몇몇 나라 사이의 갈등이 심해지면 우리나라뿐만 아니라 전 세계가 주목합니다. 비행기를 타고 10시간 이상 날아가야 할 정도로 멀리 있는 나라들의 상황이 우리에게 중요한 이유 중 하나가 바로 수에즈 운하 때문이에요. 이 지역의 정세가 불안해지면 수에즈 운하를 통과하지 못하는 상황이 발생할 수 있죠.

아라비아반도 끝자락에 있는 예멘의 정치적 상황이 혼란해지면서, 예멘 반군이 홍해를 지나가는 배들을 공격하기 시작했습니다. 2023년 11월에 본격화된 예멘 반군의 공세는 2025년 1월에 와서야 중단되었어요. 약 1년의 기간 동안, 반군에게 배나 물자를 잃을 바에야 효율이 떨어지더라도 아프리카 대륙을 돌아서 항해하겠다는 물류 회사들이 많았습니다. 세계 5대 해운사 중 네 곳이 수에즈 운하를 이용하지 않기로 했죠. 예멘 반군이 공격 대상을 이스라엘과 관련된 배로만 제한하겠다고 발표했지만, 여전히 안전에 대한 불안이 남아 있어 물류 이동이 원활하지 않은 상황입니다.

유럽뿐만 아니라 미국 동부와의 물류 운송에서도 수에즈 운하를 이용하고 있는 우리나라 역시 연초 물류 수요가 많은 시기에 이동이 불안해지면서 우려의 목소리가 커지고 있어요. 2023년 12월 28일 기준, 부산-미국 동부 노선 물류비는 3041달러, 부산-유럽 물류비는 2495달러로 전월(2398달러, 1199달러)보다 26.8%, 108%씩 올랐습니다.

앞에서 한 이야기를 이어받아 보면, 이는 마치 스마트폰이 가져온 편리함을 포기해야 하는 상황과도 같아요. 수에즈 운하를 둘러싼 긴장으로 물류 이동에 제약이 생기고, 그 영향이 우리나라와 일상에까지 미치고 있죠. 이러한 상황은 전 세계가 긴밀하게 연결되어 있고, 다른 지역에서 벌어지는 전쟁이나 테러도 우리의 삶에 영향을 미칠 수 있다는 교훈을 전하고 있습니다.

파나마 운하

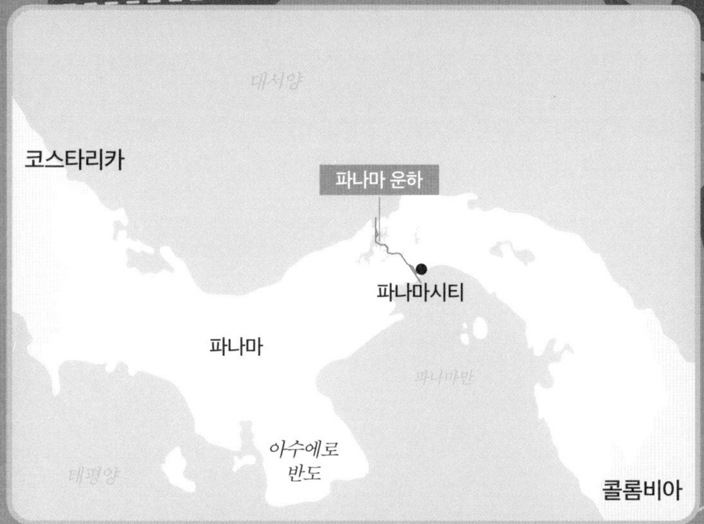

태평양과 카리브해, 더 나아가 태평양과 대서양을 넘나들 수 있는 바닷길입니다.

태평양과 대서양은 지구에서 가장 넓은 두 개의 바다입니다. 이 두 바다는 남북으로 길게 이어진 아메리카 대륙으로 막혀 있죠. 태평양에서 대서양으로, 혹은 대서양에서 태평양으로 가려면 대륙의 남쪽이나 북쪽 끝을 돌아가야 하지만, 양극 지방은 얼음으로 덮여 있어 항해가 어려워요.
이런 상황에서 북아메리카와 남아메리카의 중간을 관통하는 파나마 운하가 생겼고, 그와 함께 미국의 영향력이 점차 강해졌습니다. 그렇다면 파나마 운하의 지정학적 가치와 미국의 성장, 발전은 어떻게 연결되어 있을까요?

태평양과 대서양을 오가는 자유

운하 때문에 만들어진 나라가 있다?

운하 때문에 만들어진 나라가 있다는 사실이 믿어지나요? 파나마는 우리나라보다 영토의 크기가 작은 나라입니다. 과거 콜롬비아의 식민지였던 이 나라는 파나마 운하 건설을 원했던 미국의 개입으로 독립하게 되었죠.

남북으로 길게 펼쳐진 아메리카 대륙을 관통하는 파나마 운하는 태평양과 대서양을 연결한다는 측면에서 많은 사람이 오랫동안 꿈꿔 왔던 길이에요. 특히 미국은 태평양과 대서양을 넘나들 수 있는 바닷길이 생기면 유통뿐만 아니라 군사력도 막강해질 가능성이 컸죠. 그래서 북·남아메리카보다 좁은 중앙아메리카 중에서도 특히 바다와 바다(태평양과 대서양) 사이가 가까운 파나마 지역을 눈여겨봤어요.

이 지역은 원래 콜롬비아의 영토였습니다. 미국은 길이 약 80km, 높이 약 25m의 열대 우림 지역에 운하를 파는 대공사를 진행하면서 콜롬비아의 눈칫밥까지 먹을 수는 없다고 생각했어요. 마침 파나마 주민들은 콜롬비아와 다른 정체성을 가지고 있었고, 미국은 이를 잘 활용하면 콜롬비아의 방해 없이 운하를 건설할 수 있겠다고 생각했죠.

미국은 파나마 주민들의 독립을 몰래 지원하고, 미리 군대까지 파견해 콜롬비아군의 개입을 사전에 막았어요. 그리고 1903년에 독립한 파나마에 운하 건설과 관련한 독점적 지위를 요구했죠. 또한 운하를 중심으로 양쪽 8km씩, 총 16km에 달하는 영토에 대한 미국의 권리를 보장해 달라고 했어요.

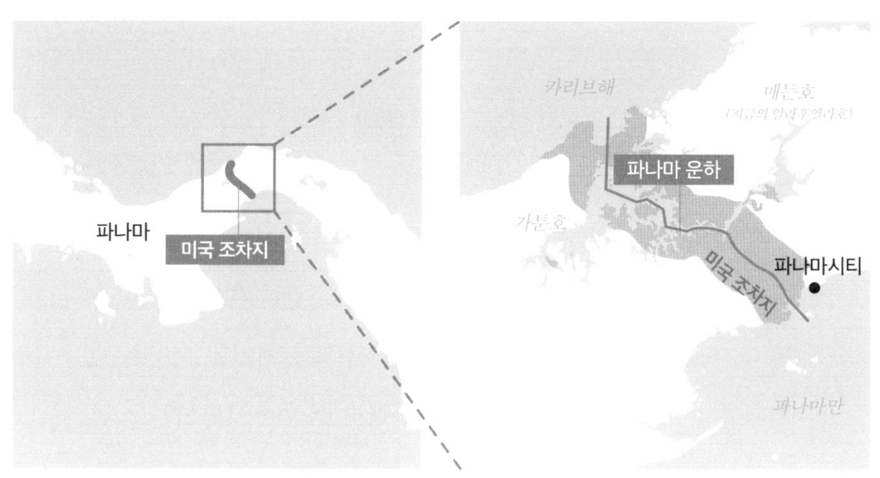

파나마 운하 주변의 미국 조차지

1979년 소멸되기 전까지 파나마를 동서로 나누는 역할을 했습니다.

결국 파나마는 운하 덕분에 독립했고, 경제적으로도 많은 권리를 누렸습니다. 하지만 나라 한가운데를 가로지르는 운하와 미국의 조차지(특별한 합의에 따라 한 나라가 다른 나라로부터 빌려 일정 기간 통치하는 땅) 때문에 국토가 반으로 나뉜 상태에서 국가 운영을 시작해야 했어요.

파나마의 독립과 건국을 돕고, 콜롬비아와의 갈등을 감수하면서까지 아메리카 대륙 중간에 바닷길을 내고 싶어 했던 미국의 의지도 대단하다는 생각이 듭니다. 이렇듯 파나마 운하는 시작점부터 많은 나라의 이해관계가 뒤얽혀 있었어요. 그만큼 지정학적 중요성이 큰 지역이었기 때문이죠.

끈질긴 야심은 막을 내리고

사실 미국이 파나마 운하 건설에 나선 첫 나라는 아니에요. 16세기 남아메리카에 진출하려 했던 에스파냐 국왕이 건설 가능 여부를 따져 봤다는 이야기가 있습니다. 미국은 18세기에 토머스 제퍼슨(훗날 미국 제3대 대통령)의 주도로 운하 건설을 시도했어요. 하지만 열대 우림이 우거진 지역에 운하를 파는 일은 쉽지 않았기 때문에 다들 금방 포기했죠.

여기에 도전장을 던진 사람은 수에즈 운하 건설로 명성이 높았던 프랑스의 레셉스였습니다. 그는 수에즈 운하에서의 성공 경험을 적용해 파나마 운하를 건설하려 했어요.

하지만 몇 가지 상황이 달랐습니다. 우선 수에즈 지역은 사막 지형이라 모래를 퍼내는 방식으로 운하를 팔 수 있었지만, 이 지역은 울창한 밀림과 단단한 기반암이 자리 잡고 있었어요. 게다가 물길을 만들려면 단순히 땅을 파는 정도가 아니라 경사가 있는 산을 깎아내야 했죠. 엎친 데 덮친 격으로 치사율이 높았던 황열병이 유행하면서 레셉스는 결국 백기를 들고 맙니다. 그 과정에서 파나마 운하 건설이 얼마나 어려운 작업인지 분명하게 드러났죠.

그렇지만 미국은 이런 상황을 지켜보고도 포기하지 않았어요. 공업이 발달한 미국 북동부의 스노우 벨트Snow Belt와 미국 서부 사이에서 대량의 물류를 육로가 아닌 해로로 운송할 때, 파나마 운하를 이용하는 것과 이용하지 않는 것은 운송 거리가 무려 1만 km 이상 차이가 납니다. 마찬가지로 유럽에서 미국 서부, 아시아에서 미국 동부로 물류를 운송할 때도 파나마 운하를 거쳐 가는 것이 훨씬 유리해요.

미국은 파나마 운하를 건설할 수 있다면 전 세계 물류의 흐름을 장악할 수 있을 것이라는 꿈을 꾸며, 막대한 자본과 노동력을 투입했습니다. 파나마의 내륙은 해수면보다 해발 고도가 높아서

파나마 운하 이용 여부에 따른 운송 거리의 차이

갑문식 운하(갑문을 통해 물을 막거나 흘려보내 물 높이를 조절하는 운하)를 만들어야 했어요. 이는 마치 물이 산을 타고 올라가는 것과 같은, 상상조차 어려운 작업이었죠. 하지만 미국은 끝까지 매달려서 결국 1914년 파나마 운하를 완공했답니다.

파나마 운하는 비행기를 개발해 하늘을 활용한 이동을 가능하게 한 라이트 형제, 우주 관측 기술의 진보를 알린 명왕성의 발견 등과 더불어, 20세기 미국인들이 자국을 자랑스럽게 생각할 수 있도록 만들어 준 대표적인 사례예요.

파나마 운하는 개통되자마자 그 값어치를 톡톡히 해냅니다.

파나마 vs 니카라과

파나마 운하를 건설하기 전, 미국은 운하를 어디에 만들지 고민했어요. 지협이 가장 좁은 파나마에 운하를 만들지, 지협이 조금 더 넓지만 파나마보다 북쪽에 있어 미국과 가까운 니카라과에 운하를 만들지에 대한 갑론을박이 있었습니다. 니카라과에는 큰 호수가 있어서 갑문식 운하를 만드는 데 유리한 조건을 갖추고 있었죠.

미국이 결국 파나마를 선택한 이유는 지형적 조건 때문이었어요. 파나마와 니카라과 모두 태평양을 둘러싼 불의 고리에 속하지만, 니카라과는 특히 지진이 자주 발생해 운하를 건설해도 금방 붕괴할 위험이 컸습니다. 아무리 목적에 적합한 위치라 해도 기본적인 안전이 보장되지 않으면, 좋은 입지 조건이라고 할 수 없어요.

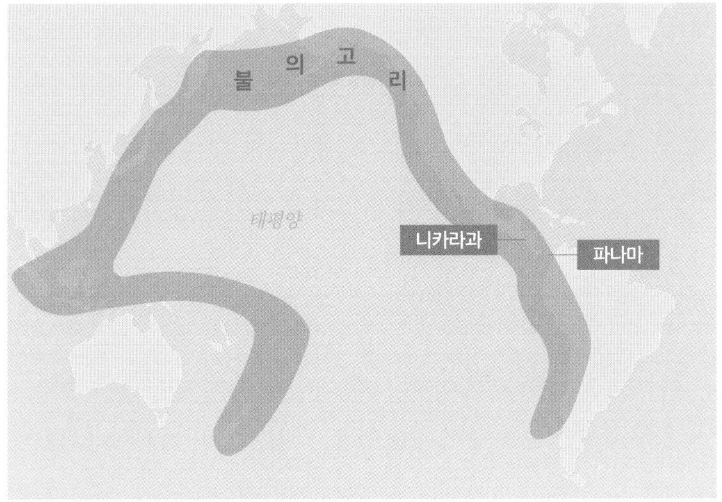

태평양을 둘러싼 불의 고리(환태평양 조산대)
전 세계 지진의 90% 이상, 그리고 지난 1만여 년 동안 있었던 대형 화산 폭발 25건 중 22건이 불의 고리에서 발생했습니다. ©Gringer(W)

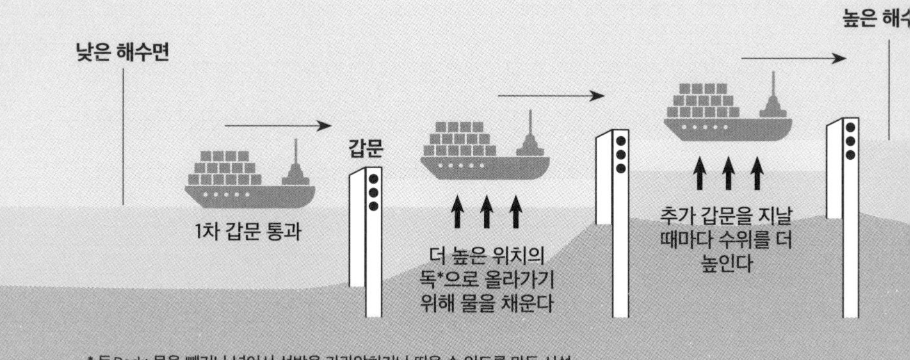

파나마 운하의 통과 방식

미국이 물류 중심지로 성장하는 데 기여했을 뿐만 아니라, 제2차 세계 대전 중에는 유럽 전선에서 활약하던 미국 해군 함대가 파나마 운하를 통해 빠르게 태평양으로 넘어올 수 있었어요. 그래서 군사력을 크게 나누지 않고도 태평양과 대서양, 두 바다에서 전투를 수행할 수 있었죠. 이후 이어진 냉전 시대에도 세계에서 가장 넓은 두 개의 바다를 자유롭게 오갈 수 있는 미국 해군의 힘은 소련에 큰 위협이 되었습니다.

파나마 운하를 통해 오랜 기간 이익을 얻었던 미국은 파나마에 운하를 넘겨주려 하지 않았어요. 차일피일 미뤄지다가 100년에 가까운 시간이 흐른 1999년에 이르러서야 비로소 파나마 운하가 파나마에 넘어가게 됩니다. 미국은 그마저도 속상했는지,

파나마 운하 이양식에는 단 한 명의 미국 관료도 참석하지 않았죠. 하지만 미국은 파나마 운하를 넘기는 과정에서 앞으로도 운하 사용에 큰 문제가 발생하지 않도록 안전장치를 걸었어요.

파나마는 1994년 헌법을 개정했는데, 개정한 내용의 핵심이 바로 '군대 창설 금지'입니다. 이는 파나마가 군사력을 동원해 파나마 운하를 통제하는 상황을 막기 위한 조치였어요. 그 후에야 파나마 운하는 온전히 파나마의 품으로 돌아가게 되었죠.

파나마 경제의 중심이 되다

지구본을 들여다보면, 우리가 살고 있는 지구는 남쪽과 북쪽의 대륙 분포가 균형적이지 않다는 사실을 쉽게 알 수 있어요. 대부분 인구가 북반구에 살고 있고, 선진국도 주로 북반구에 몰려 있습니다. 물류 이동 역시 북반구에서 출발해 북반구로 도착하는 경우가 많죠. 따라서 아프리카 남쪽을 돌아가거나 남아메리카 대륙 끝까지 돌아서 목적지에 도달해야 하는 항로는 많은 사람에게 비효율적이라는 인식을 주었습니다. 그러한 상황 속에서 만들어진 파나마 운하는 많은 사람이 환영했던 '선을 넘는' 시도였죠.

파나마 운하 개통은 우리나라에도 큰 의미가 있어요. 물류 이

콜론 자유 무역 지대

동이 많은 미국 동부와 동아시아 지역의 교류에 혁신적인 변화를 가져왔기 때문이죠. 예를 들어 부산에서 뉴욕이나 뉴저지로 물자를 운송할 때 남아메리카를 돌아가는 항로보다 약 23일, 수에즈 운하를 통과하는 경로보다 약 10일을 단축할 수 있답니다.

2022년 기준, 약 1만 4000척의 배가 파나마 운하를 통과했고,

통행료 수입은 약 30억 달러(약 4조 원)였습니다. 파나마 운하를 통과하는 배의 국적을 따져 보면, 우리나라 배가 미국, 중국, 일본에 이어 네 번째로 많았어요. 따라서 우리나라가 낸 통행료도 상당한 액수일 것으로 보입니다.

파나마 운하의 통행료 수입은 파나마 전체 GDP의 약 6%를 차지해요. 매년 어마어마한 금액을 벌어들이고 있지만, 파나마 운하의 경제적 가치는 단순히 통행료 수입만으로 판단할 수 없답니다. 직접적·간접적으로 다양한 경제적 가치를 창출해 내고 있기 때문이죠.

대표적으로 콜론 자유 무역 지대가 있어요. 카리브해 연안에 있는 이곳은 싱가포르에 이어 세계에서 두 번째로 큰 규모를 자랑하며, 파나마 운하를 통해 태평양과 대서양으로 동시에 접근할 수 있는 유일한 자유 무역 지대입니다. 우리나라의 대표 기업들도 이곳에서 중남미 물류 창고를 운영하고 있으며, 연평균 200억 달러 규모의 무관세 중계 무역이 이뤄지는 경제 중심지예요. 관세 없이도 창고 등 물류 수수료로 충분히 수입을 얻고 있죠.

또한 파나마는 파나마 운하를 통해 얻게 된 무역 중심지로서의 이미지를 활용해 3차 산업을 빠르게 발달시켰어요. 2009년에는 농업과 어업 같은 1차 산업이 GDP의 7.4%를 차지했지만, 불과 몇 년 만에 2%대로 줄어들었습니다.

파나마 수도인 파나마시티는 허브 공항, 금융 센터 등의 기반 시설을 잘 갖추고 있어 남아메리카와 북아메리카, 태평양과 대서양을 연결하는 거점 역할을 하고 있어요. 중남미 국가 중 1인당 GDP가 높은 편이며, 최저 임금 수준도 주변 국가보다 높습니다. 다만, 산업이 금융·무역 등 3차 산업에 집중되어 있다 보니 제조업이 상대적으로 발달하지 못해 정규직 일자리가 부족한 편이라는 문제가 있어요. 하지만 파나마는 지정학적 위치를 살린 운하에 기반해 경제력을 키워 나가고 있답니다.

특히 파나마는 외교에서도 파나마 운하를 보유하고 있다는 자국의 강점을 충분히 활용하고 있어요. 파나마는 실크 로드와는 거리가 멀지만, 중국의 일대일로(중국의 무역로인 육상·해상 실크 로드) 프로젝트에 참여했습니다. 이로 인해 육상 수송로와 해상 수송로의 연계를 높일 수 있는 국가로 중국의 주목을 받고 있어요. 실제로 파나마와의 자유 무역 협정(FTA) 체결을 위해 중국의 시진핑 국가주석이 직접 파나마를 방문하기도 했죠.

이처럼 중국은 파나마 운하 활용 및 남미 진출을 위해 파나마와 가까워지려 하고 있어요. 이를 통해 파나마의 위상을 단적으로 확인할 수 있습니다.

기후 변화가 일으킨 위기들

파나마 운하는 확장 공사를 진행한 뒤 2016년 신(新) 파나마 운하를 개통했어요. 이에 따라 통과할 수 있는 배의 크기가 더욱 커졌죠. 수에즈 운하만큼은 아니지만, 최대 12만 톤급 배까지 통행할 수 있게 되었어요. 수에즈 운하와 파나마 운하처럼 통행량이 많은 운하에서 확장 공사가 진행되면, 이후에 만들어지는 배들은 확장된 크기에 맞춰서 설계됩니다. 세계 조선 사업에 미치는 영향력이 어마어마하다고 볼 수 있죠.

하지만 파나마 운하에는 약점이 있습니다. 운하 운영에 필수적인 담수의 양이 충분하지 않다는 점이에요. 운하는 갑문 방식으로 물을 채우고 빼면서 지표면의 경사를 극복하고 있습니다. 따라서 비가 충분히 내려 알라후엘라 호수와 가툰 호수 같은 물 공급원에 많은 양의 물이 보유되어 있어야 운하를 원활하게 운영할 수 있어요. 이 때문에 파나마 운하는 강수량에 굉장히 민감하게 반응할 수밖에 없답니다.

최근 지구 생태계의 미래를 위협하는 기후 위기는 여러 지역에서 국지적 이상 기후 현상을 만들어 내고 있습니다. 파나마는 원래 비가 많이 내리는 열대 기후 지역이지만, 엘니뇨(태평양 일부 지역의 해수면 온도가 상승하는 현상)의 영향을 직접 받고 있어요. 특

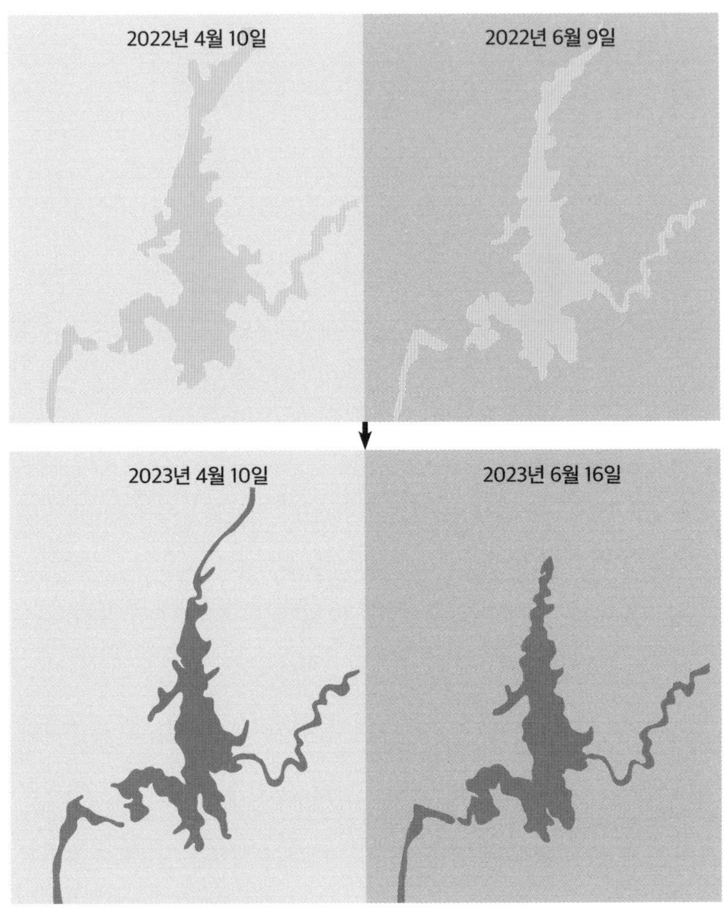

알라후엘라 호수의 면적 변화

히 2023년부터 2024년까지 이어진 가뭄으로 인해 알라후엘라 호수와 가툰 호수의 수위가 낮아지면서 운하 운영이 어려워졌죠.

이 영향으로 2023년 8월에는 하루 평균 146척이 통행하던 운하는 9월에는 92척, 10월에는 50척대로 줄어들었고, 2024년 1월부터는 24척만이 통행했어요. 이처럼 통행량이 급감한 것은 가뭄으로 인한 파나마 운하의 어려운 상황을 여실히 보여 줍니다. 현재 파나마 운하는 수에즈 운하와 경쟁하는 상황에서도 통행료 외 별도의 담수 사용료를 부과하고 있어요. 수에즈 운하의 약점이 주변 국가의 치안이라면, 파나마 운하의 약점은 가뭄인 셈이죠.

기후 변화가 파나마 운하에 미치는 영향은 여기서 그치지 않습니다. 북극의 빙하가 녹으면서 북극 항로의 이용 가능성이 점점 커지고 있어요. 2023년 북극 항로를 이용한 물동량은 3625만 톤으로 점차 증가하고 있으며, 러시아-우크라이나 전쟁으로 인한 불안감이 사라지면 더 증가할 것으로 예상됩니다.

북극 항로는 운하를 이용하는 것보다 비용이 적게 들고, 가뭄이나 해적으로 인한 안전 관련 문제가 발생할 위험이 적어요. 그래서 수에즈 운하나 파나마 운하를 이용하는 것보다 다소 긴 거리를 돌아가더라도 매력적인 대안이 될 수 있다는 연구 결과들이 있습니다. 지리적·지정학적 상상력으로 선을 넘는 시도가 한 번으로 멈추지 않고 계속 이어져야 하는 이유가 여기에 있죠.

세이칸 터널

일본의 혼슈와 홋카이도를 잇는 철도 해저 터널입니다.

일본은 한때 일본을 중심으로 아시아에서 서양 세력을 몰아내자는 대동아 공영권을 주장했습니다. 그 속내에는 중국, 러시아, 우리나라를 철도와 항구, 통신망으로 연결해 제국으로 군림하려는 의도가 있었죠. 이 구상의 핵심은 바다 밑을 지나가는 터널을 만들어 순환 철도망을 구축하는 것이었어요.

일본은 제2차 세계 대전에서 패배하면서 대일본 제국 건설에 실패했습니다. 하지만 태평양으로 뻗어 나가는 해로와 해저 터널을 통해 대륙으로 진출하는 육로를 모두 거머쥐려 했죠. 이를 위해 먼저 네 개의 섬으로 이뤄진 일본 내부부터 철도로 연결할 필요가 있었어요.

세이칸 터널은 대륙과의 연결을 위해 꼭 필요한 해저 터널 건설 기술의 성장과 더불어, 지정학적으로 중요하지만 소외되어 있었던 홋카이도에 대한 접근성을 높였다는 점에서 의미가 큽니다. 지금부터 세이칸 터널에 대해 알아볼까요?

일본의 자부심, 대륙 진출의 꿈

참담한 침몰이 남긴 과제

1954년 9월 26일, 일본 혼슈와 홋카이도 사이의 쓰가루 해협을 오가던 연락선 토야마루호가 바다에서 태풍을 만났습니다. 승무원들은 예보를 통해 태풍이 올 것을 알고 있었지만, 태풍의 눈에 들어가 일시적으로 풍랑이 잠잠해지자 태풍이 지나간 것으로 착각하고 출항을 결정했어요.

이후 토야마루호는 기상 상태가 급격하게 나빠져 멀리 항해하지 못했고, 구조 요청을 보낸 뒤 얼마 지나지 않아 침몰하고 말았습니다. 이 사고로 무려 1159명이 사망했어요. 일본의 철도·해상 사고를 통틀어 가장 끔찍한 사건으로 알려졌을 만큼 안타까운 일이었습니다.

그렇다면 연락선이 무엇이길래 한 척의 배에 이렇게 많은 사람이 타고 있었을까요?

토야마루호

혹시 인천항에서 서해의 섬으로 휴가를 갈 때, 사람들이 차에 탄 채로 배에 오르는 모습을 본 적이 있나요? 연락선은 승객이나 차량, 화물 등을 싣고 수역 양쪽의 육지 교통을 연결해 주는 배입니다. 특히 철도 교통이 발달한 일본에서는 기차를 배에 싣기도 해요. 토야마루호는 기차를 싣고 혼슈와 홋카이도를 오가던 연락선이었습니다. 이 배는 기차를 실을 수 있을 정도로 커서 기차 승객들도 그대로 배에 탔던 것이죠.

제2차 세계 대전에서 패배한 일본은 빠르게 피해를 복구하고

기차를 싣고 있는 연락선 ©Superbass

경제 발전을 이루고 있었어요. 그런 상황에서 1000명이 넘는 국민이 희생된 이 사고는 일본 사회에 큰 충격을 주었습니다. 일본의 기술력으로 재해를 극복하고 수많은 일본인의 목숨을 보호하기 위해 혼슈와 홋카이도를 연결하는 해저 터널 건설은 일본의 자존심이 걸린 문제가 되었죠. 그 결과 30여 년 동안 세계에서 가장 긴 터널이었고, 지금도 세계에서 가장 깊은 해저를 통과하는 세이칸 터널이 만들어지게 됩니다.

균형 발전의 땅, 홋카이도를 향해

토야마루호 침몰 사고가 세이칸 터널 건설의 직접적인 계기가 되었지만, 일본 전체의 균형 발전 측면에서도 세이칸 터널의 필요성을 이야기할 수 있습니다.

산업화 과정을 빠르게 겪은 나라들은 효율적인 발전을 위해 기존에 사회 기반 시설이 잘 갖춰져 있고, 인구가 많은 거점 지역을 선정해 개발하는 경우가 많았어요. 일본도 도쿄나 오사카 등 일부 거점 도시들과 그 거점을 연결하는 철도 축을 중심으로 개발을 진행했죠. 그러다 보니 상대적으로 개발의 혜택을 받지 못해 소외된 지역들이 생겨났습니다. 그중 대표적인 곳이 홋카이도였어요.

홋카이도는 드물게 오로라가 관측될 정도로 위도가 높은 지역에 있는 섬입니다. 그래서 날씨가 춥고, 벼농사에 불리하죠. 근대 이전에는 농업 생산량의 차이 때문에 홋카이도의 자영농과 혼슈의 소작농의 소득 수준이 비슷했다는 분석도 있답니다.

게다가 홋카이도에 살던 아이누족은 우리가 일반적으로 생각하는 일본인과 인종적으로 달랐어요. 과거 유럽의 탐험가들은 이들이 러시아에서 넘어온 인종이라고 착각하기도 했지만, 실제 외

모는 동남아시아인이나 인도인과 닮은 편입니다. 아이누족은 독립된 문화를 유지해 왔고, 15세기 이후에야 홋카이도에 일본 세력의 진출이 본격화되었어요.

홋카이도가 국제법적으로 일본 영토로 인정된 최초의 계기는 1593년 도요토미 히데요시가 홋카이도에 대한 마쓰마에 가문의 간접 지배를 인정하는 문서를 발부하고, 1604년 도쿠가와 이에야스가 이를 계승한 것이었습니다. 이런 점에서 홋카이도는 혼슈나 기타큐슈, 시코쿠보다 '일본'으로서의 역사가 짧은 지역이라고 할 수 있죠.

이처럼 홋카이도는 개발에 유리한 자연환경을 갖추고 있지도 않았고, 인종이나 문화적 요소가 구분되는 지점도 있다 보니 개발 우선순위에서 자연스레 밀리게 되었어요. 일본이 어느 정도 경제 성장을 이룬 뒤, 지역 간 격차를 줄이기 위한 균형 발전을 논의하는 과정에서야 홋카이도 개발이 중요한 주제가 되었죠.

상대적으로 개발이 덜 된 곳을 발전시키기 위해 먼저 진행하는 것 중 하나가 바로 개발된 곳과의 접근성을 높이는 일입니다. 일본은 균형 발전을 위해 혼슈와 홋카이도를 연결하는 연락선을 운영했고, 해저 터널을 통해 안정적인 교통로를 확보하자는 의견이 나오기 시작했어요. 그 무렵 토야마루호 사건이 터졌습니다.

결국 토야마루호 사고가 없었더라도 균형 발전을 위해 혼슈와 홋카이도를 연결하는 교통로는 어떤 방식으로든 만들어졌을 거예요. 다만, 사고로 인한 일본인들의 상처를 위로하고 자긍심을 고취할 수 있는 방향으로, 해저 터널이라는 어려운 방식을 선택하게 되었습니다.

세이칸 터널은 총길이 53.85km인 해저 터널로, 스위스의 고트하르트 베이스 터널이 만들어지기 전까지 세계에서 가장 긴 터널이었어요. 해저부의 길이만 23.3km에 달하며, 가장 깊은 곳은 해저 240m로 세계에서 가장 깊은 철도 터널이기도 합니다. 터널 건설에 사용된 시멘트 포대를 쌓으면 후지산(3776m) 높이의 850배에 달하고, 강철의 양은 도쿄 타워(333m) 57개를 지을 수 있는 정도라고 해요.

1964년부터 1988년까지 무려 24년 동안 약 1400만 명이 세이칸 터널 공사 작업에 동원되었습니다. 바닷물과의 전쟁으로 여러 차례 위기를 맞았죠. 하지만 결과적으로 일본의 건설 기술을 세계에 과시할 수 있게 되었으며, 영국과 프랑스를 연결하는 채널 터널과 스위스의 고트하르트 베이스 터널 건설에도 영향을 미친 토목사의 위대한 업적 중 하나로 평가받고 있어요.

아이누족의 수난

'아이누'는 아이누어에서 비롯된 말로, 신성한 존재인 '카무이'와 대비되는 '인간'을 뜻합니다. 하지만 이 단어 자체가 일본 내에서 차별적인 의미로 쓰인다는 인식이 생기면서 아이누족은 자신들을 '우타리'라고 불러요. '우타리'는 친척, 동포라는 뜻이랍니다.

아이누족은 홋카이도와 사할린, 쿠릴 열도 등지에 분포했던 민족입니다. 2017년 기준으로 홋카이도에 사는 아이누는 약 1만 3000명, 2021년 기준으로 러시아에는 300명 정도가 있는 것으로 파악되었어요. 일본인과는 인종적으로 차이가 있으며, 고유한 언어도 가지고 있었죠. 즉, 역사적으로 명확하게 독립된 공동체를 유지하고 있었어요.

하지만 막부 시대에 개척이 이뤄지면서 아이누족의 거주지는 점차

아이누족

줄어들었습니다. 17세기 초 중국에서 제작한 곤여만국전도에는 홋카이도가 일본 영토로 표시되어 있어요. 메이지 유신 이후 일본 본토 사람들이 본격적으로 홋카이도로 이주하면서 이곳을 식민지화했습니다. 그 과정에서 1899년 홋카이도 구 원주민 보호법이 제정되었어요. 이 법은 아이누족을 '외국인'이 아니라 '옛 원주민'으로 규정했는데, 이는 아이누족이 외국인도 아니고 일본 국민도 아님을 공식화한 것이었습니다. 이러한 상황 속에서 아이누족은 전통적인 수렵 문화를 버리고, 섬 중심부의 척박한 산악 지역에서 농사를 짓도록 강요받았어요. 또한 일본식 이름과 일본어를 부여받으면서 그들의 문화와 전통이 서서히 옅어지게 되었죠.

전통 춤을 선보이는 아이누족 남성

일본의 민족 동화 정책은 아이누족의 전통 문화 대부분을 파괴했습니다. 이들의 전통 춤은 일상이나 실제 의식에서 쓰이기보다 공연의 형태로 이어져 내려오고 있습니다.

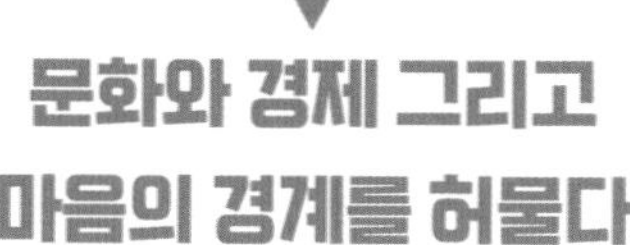

문화와 경제 그리고 마음의 경계를 허물다

세이칸 터널을 통해 혼슈와 홋카이도를 오가는 기차에는 승객과 화물이 함께 실릴 예정이었습니다. 하지만 해저에 터널을 뚫는다는 것은 여러 변수와 위험이 따르는 작업이었어요. 공사 기간은 점점 길어졌고, 그 사이에 항공 교통이 눈부시게 발전했습니다. 비행기를 이용하면 터널을 통과하는 기차보다 훨씬 빠르게 홋카이도의 중심 도시인 삿포로로 이동할 수 있었죠. 이로 인해 세이칸 터널이 완공된 후에는 기차 여객 수요의 상당 부분을 항공 교통이 대체해 버렸습니다.

그렇다고 해서 세이칸 터널이 쓸모없었던 것은 아니에요. 이전보다 이동하는 사람 수가 늘어나면서 세이칸 터널을 이용하는 승객도 여전히 있습니다. 게다가 제2터널 공사에 대한 이야기가 있을 정도로 화물 운송 수요는 많아요. 터널과 항공 교통을 통해 홋카이도와 다른 지역 간의 교류가 활발해졌고, 일본인들에게도 춥고 먼 땅으로 여겨졌던 홋카이도에 대한 심리적 거리감도 많이 좁혀졌죠.

바다, 산맥, 큰 강, 사막 같은 자연 지형뿐만 아니라 정치적·문화적 차이나 경제적 격차도 경계로 작용하곤 합니다. 이렇게 자연 및 인문 환경적 요소들이 경계로 작용하기 시작하면, 어느 순간에는 그 경계가 사람들의 마음속에 굳어질 수도 있어요.

문재인 정부 시절, 북한과의 소통이 원활했을 때 문재인 대통령과 김정은 총비서(당시 조선 노동당 위원장)는 판문점에서 만났습니다. 두 사람은 손을 잡고 함께 군사 분계선(전쟁을 멈추기로 한 두 나라나 군대 사이에 만들어진 경계선) 북쪽 땅을 밟았다가 남쪽으로 이동했어요. 이 장면은 남과 북 사이에 넘을 수 없는 벽이 있다고 생각해 왔던 많은 사람에게 충격을 안겨 주었죠.

어떤 경계는 양쪽을 연결하는 선에 의해 생각보다 쉽게 허물어지기도 합니다. 홋카이도와 혼슈 사이에 존재하는 것처럼 느껴졌던 문화적·경제적·자연환경적 경계가, 그리고 그 경계로 형성되었던 심리적 거리감이 세이칸 터널이 만들어진 뒤 차츰 흐려진 것처럼요.

접근성이 높아진 홋카이도에는 여러 변화가 생겼습니다. 그중 하나는 홋카이도가 일본의 대표적 관광지로 자리매김하게 되었다는 점이에요. 교류가 적을 때는 여행 상품들이 충분히 개발되지 않았지만, 교류가 늘어나면서 홋카이도의 여러 지역이 각자의 개성을 살리기 시작했습니다.

이제 홋카이도는 일본 국내뿐만 아니라 세계적으로도 유명한 관광지로 성장하고 있어요. 코로나19 팬데믹이 끝나면서 해외여행을 원하는 사람 수가 빠르게 늘어났습니다. 2023년 한 해 동안,

홋카이도에 있는 노보리베쓰 온천

홋카이도의 삿포로를 방문한 우리나라 여행객 수는 약 47만 명이나 됩니다.

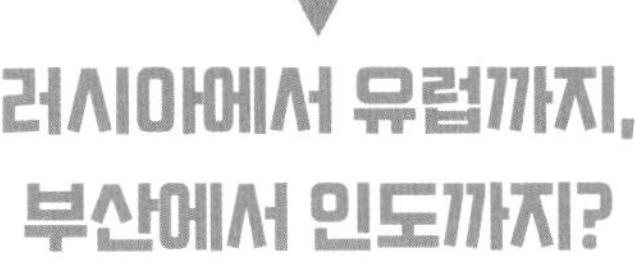

러시아에서 유럽까지, 부산에서 인도까지?

홋카이도의 지정학적 가치가 활발하게 연구된 시기는 일본이 제국주의의 야욕을 품고 대륙에 진출하려던 때였습니다. 일명 1만 km 철도 건설 계획이 있었죠. 일본은 해저 터널을 만들어 혼슈와 홋카이도를 연결한 후 홋카이도에서 사할린, 더 나아가 러시아까지 철도를 연결해 시베리아 횡단 철도로 유럽까지 연결하는 꿈을 꾸었습니다. 또한 해저를 통해 부산과 철도를 연결하고, 이를 활용해 중국을 거쳐 동남아시아와 인도까지 이으려는 계획도 있었어요.

이렇듯 일본은 철도를 통해 유라시아 대륙을 아우르고, 태평양 쪽 항구를 통해 아메리카와 연결되면서 전 세계 물류의 중심 국가가 되려 했습니다. 그 계획의 첫걸음이 바로 홋카이도와 혼슈를 연결하는 해저 터널이었어요. 즉, 세이칸 터널을 통해 바다가 그어 준 경계를 넘어가려는 생각은 터널이 건설되기 전부터 있었던 것이죠.

홋카이도와 러시아의 사할린섬, 그리고 러시아 본토를 연결하려는 일본의 계획은 극동아시아에 진출하려는 러시아의 상황과도 이해관계가 맞는 부분이 있어요. 러시아가 시베리아 횡단 철도의 종착역으로 한반도와 일본을 저울질하고 있다는 기사가 가끔 보도되기도 했습니다. 하지만 남북 관계 등의 문제로 한반도를 관통하는 철도 연결이 쉽지 않아, 지금은 일본과 논의를 진행하고 있는 상황이에요.

2035년 완공을 목표로 러시아 본토와 사할린섬을 연결하는 다리를 건설하려 한다는 소식도 있습니다. 이 다리가 완성되면 홋카이도와 사할린섬의 연결에 대한 논의도 더욱 탄력을 받지 않을까 싶어요.

러시아 교통부 자료에 따르면, 수에즈 운하를 통해 일본에서 유럽으로 해상 운송을 할 경우 거리는 약 2만 1000km, 소요 시간은 약 40일입니다. 하지만 보스토치니항을 거쳐 시베리아 횡단 철도를 이용하면 운송 거리는 약 1만 2500km, 소요 시간은 약 18일이 걸려요. 또한 요코하마에서 사할린섬과 연결된 직통 열차를 이용하면 운송 거리는 약 1만 2000km, 소요 시간은 12일이 걸립니다. 즉, 해상 운송보다 거리는 약 2배 단축, 시간은 약 3배 절약할 수 있죠. 이러한 논의가 의미 있는 이유는 홋카이도가 혼슈와 세이칸 터널로 연결되어 있기 때문이에요.

제국주의 일본은 몰락했지만, 홋카이도는 여전히 지정학적으로 일본에 중요한 섬입니다. 홋카이도의 중요성이 높아지면 러시아가 실효 지배하고 있는 쿠릴 열도가 양국 간 이슈로 떠오를 것이라는 예측도 있어요. 홋카이도의 동북쪽에는 쿠릴 열도가 있고,

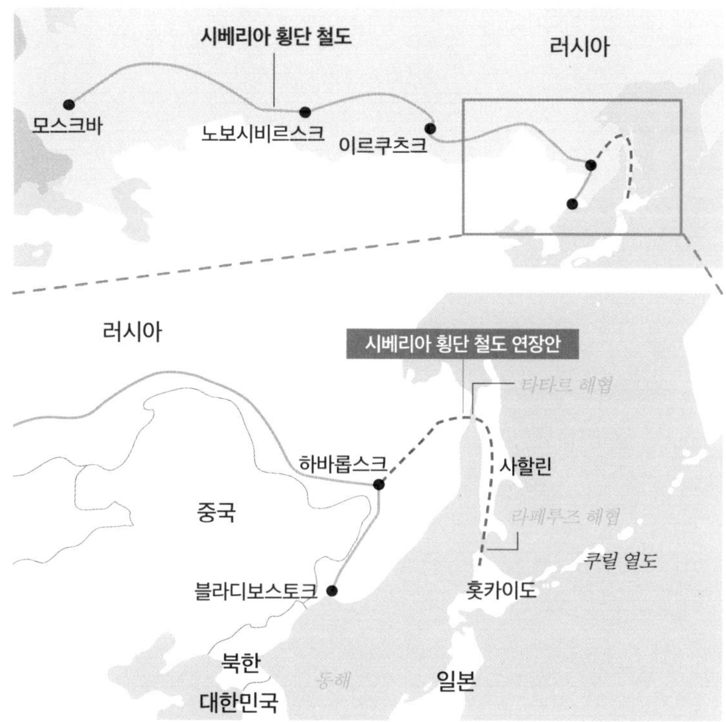

러시아 본토-사할린-홋카이도 철도 연결안

그 인근 바다에는 석유와 천연가스를 포함한 풍부한 자원이 매장된 것으로 알려져 있죠. 홋카이도가 개발되고 중요해질수록 쿠릴 열도에 대한 일본의 욕심은 커질 수밖에 없어요. 경계를 넘어 서로를 연결하는 선이 필요한 일본과 러시아가 이 문제에 대한 논의를 어떻게 이어 나갈지 지켜보는 것도 흥미로운 지점입니다.

고트하르트 베이스 터널

지구를 생각하는 선긋기

이동이 어렵거나 불가능했던 두 지역을 연결하는 선은 큰 변화를 불러옵니다. 하지만 장벽이라 여겨지던 자연환경을 넘어 두 지역을 연결하는 선이 이미 존재했는데, 많은 비용과 노력을 들여 새로운 선을 더하는 경우가 있어요. 경제적인 면에서 보면 그다지 이득이 되지 않을 수도 있죠.

기존에도 도로나 철도가 있었지만, 알프스산맥을 관통하는 또 다른 선이 된 고트하르트 베이스 터널 이야기입니다.

그렇다면 이 터널은 왜 만들어졌을까요?

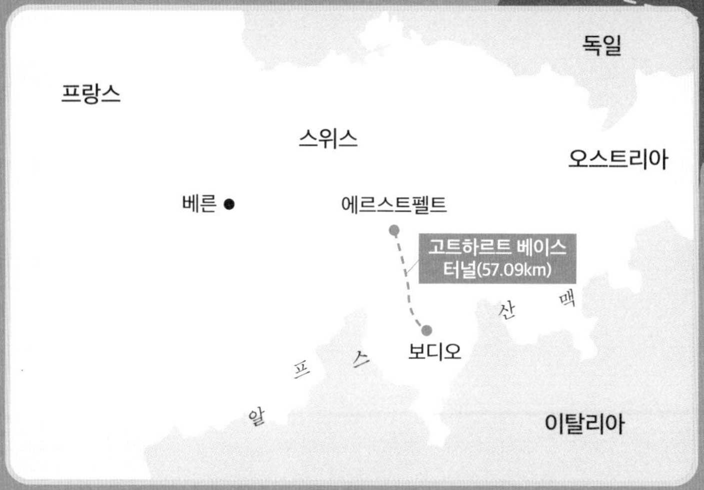

세계에서 가장 긴 철도 전용 터널로, 1882년 개통된 기존 고트하르트 철도 노선의 대부분을 우회합니다.

한니발과 나폴레옹의 공통점

한니발과 나폴레옹. 두 사람은 모두 한 시대를 풍미했던 인물이자 전쟁에서 놀라운 활약을 보여 준 지휘관입니다. 무엇보다 그들이 거둔 유명한 승리의 배경에는 '알프스산맥을 넘는' 시도가 있었다는 공통점이 있죠.

고대 로마와 지중해의 패권을 두고 경쟁했던 카르타고의 한니발 장군은 2000여 년이 흐른 지금까지도 영웅적인 인물로 기억되고 있어요. 한니발을 자국의 위인으로 기리는 튀니지에서는 과거 5디나르 지폐에 그를 그렸고, '카르타고 한니발'이라는 이름의 기차역도 만들었답니다.

한니발의 업적 중 첫손으로 꼽히는 것은 알프스산맥을 넘어 로마와의 전투에서 승리한 일이에요. 바다를 건너면 훨씬 빠르고 안전하게 진격할 수 있었지만, 한니발은 적이 예상하지 못한 시

한니발의 얼굴이 그려져 있는 튀니지의 5디나르 지폐(1992~2008)

기에 예상할 수 없는 방법으로 공격하는 것이 더욱 중요하다고 판단했죠.

제2차 포에니 전쟁 당시, 한니발은 북아프리카에서 전투 코끼리를 포함한 군대를 이끌고 지중해를 건너 지금의 에스파냐 지역에 도착했습니다. 피레네산맥을 넘어 로마를 향해 진격하던 중 앞을 가로막은 알프스산맥은 유럽 사람들이 장벽으로 여겨 왔던 곳이었죠.

길이 제대로 닦여 있지 않았던 그 시대에는 산맥을 통과하다가 막히면 바위에 불을 붙인 뒤 식초를 뿌려 쪼개는 방식으로 길을 만들었다는 기록이 있어요. 알프스산맥에는 탄산칼슘을 포함

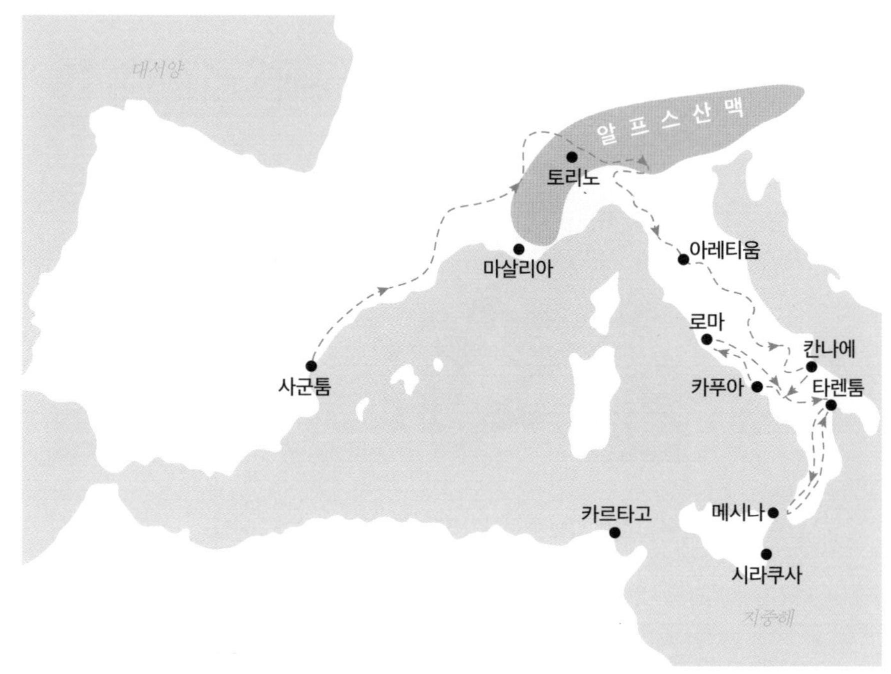

제2차 포에니 전쟁에서 한니발의 진격로

한 석회암이 많은데, 식초의 산 성분이 탄산칼슘과 반응하면 석회암이 녹고 쪼개질 수 있습니다. 이처럼 험난한 상황 속에서 한니발은 많은 병사를 잃었어요. 하지만 남은 병력만으로도 알프스산맥을 믿고 방심하고 있던 로마를 공포에 떨게 만들기는 충분했죠.

로마와 카르타고의 전쟁에서 최종적으로 승리한 것은 로마였지만, 제2차 포에니 전쟁은 '한니발 전쟁'으로 불리기도 합니다.

전쟁에서 패한 장군이 역사에 이름을 남기고 추앙받는 경우는 흔치 않죠. 그만큼 한니발이 겨울에 알프스산맥을 넘었다는 것은 엄청난 업적으로 평가됩니다.

다음은 나폴레옹이에요. 프랑스 황제였던 나폴레옹은 시민 혁명 이후 혼란스러웠던 프랑스를 공화국의 길로 이끌며 주변 국가들을 정복했던 인물입니다. 현대 프랑스 국민에게는 국가의 영웅이라는 찬사와, 나라를 전쟁으로 몰아넣은 전쟁광이라는 비판을 동시에 받고 있죠.

나폴레옹의 군사적 능력은 프랑스뿐만 아니라 유럽 여러 국가의 역사 속에서도 찬사를 받고 있습니다. 유럽의 강대국들이 프랑스를 상대하기 위해 일곱 차례에 걸쳐 동맹을 맺어야 했다는 것 자체가 나폴레옹의 군사적 능력을 입증한다고 할 수 있어요.

그중에서도 이탈리아 원정 당시 알프스산맥을 넘었던 일화는 특히 유명합니다. 나폴레옹은 조금 멀더라도 안전하고 확실하게 지중해 해안 도로를 따라가서 이탈리아를 침공한 것이 아니라, 알프스산맥을 넘어 상대방이 예상하지 못한 시점에 공격함으로써 승리를 거뒀어요. 실제로 당시 프랑스군의 진격을 막으려 했던 오스트리아군은 해안 도로를 방어하고 있었죠.

한니발이 알프스산맥을 넘었던 시대와는 달리, 나폴레옹 시대에는 알프스산맥에 교통로가 어느 정도 갖춰져 있었습니다. 하지만 여전히 알프스산맥은 사람들에게 넘기 어려운 장벽으로 인

〈알프스산맥을 넘는 나폴레옹〉

프랑스 화가 자크 루이 다비드가 그린 그림입니다. 왼쪽 아래를 잘 보면, 바위에 보나파르트(나폴레옹의 성)가 적혀 있고 한니발, 샤를마뉴 대제의 이름이 부분적으로 드러나 있습니다. 이처럼 자크 루이 다비드는 알프스산맥을 넘었던 인물들의 이름을 그림에 표현했습니다.

식되었고, 나폴레옹은 그런 심리적 허점을 이용해 전투를 승리로 이끌 수 있었어요.

동서로 뻗은 벽, 알프스산맥

몽블랑은 알프스산맥에서 가장 높은 봉우리로, 높이는 약 4810m 입니다. 알프스산맥은 대체로 2500~3600m 높이의 산들로 구성되어 있어요. 산맥의 꼭대기에는 지금도 빙하가 얼어 있어 쉽게 넘기가 어렵죠. 유럽을 구분하는 방식은 몇 가지가 있지만, 어떤 방식을 활용하더라도 남부 유럽을 구분할 때 알프스산맥이 언급된답니다.

알프스산맥은 위도와 평행하게 동서로 뻗어 있어요. 아메리카 대륙의 로키산맥이나 안데스산맥처럼 남북으로 뻗어 있는 산맥과는 형태가 다릅니다. 이렇게 동서로 뻗어 있는 산맥은 자연환경과 문화를 구분하는 경계가 될 가능성이 커요. 기후는 기본적으로 위도의 영향을 많이 받기 때문에 위도와 평행하게 뻗어 있는 산맥은 기후를 구분하는 기준이 될 수 있습니다. 그리고 기후는 문화, 산업, 도시 발달에 큰 영향을 미치죠.

알프스산맥은 이동을 방해하는 장벽일 뿐만 아니라 서로 다른 경관이 나타나는 경계로 작용하기도 해요. 산맥의 남쪽은 지중해성 기후가 주로 나타나 포도, 올리브 등을 기르는 수목 농업이 발달했습니다. 반면 북쪽은 서안 해양성 기후가 나타나는 곳이 많아 밀을 중심으로 하는 식량 작물과 사료를 기르면서 목축도 함께 진행하는 혼합 농업이 발달했어요.

이제 역사적 상황을 간단하게 살펴볼까요? 정복자로 유명한 알렉산드로스 대왕은 알프스산맥이 가로막고 있는 북쪽으로 진출하기보다 동쪽으로 영향력을 넓혀 갔습니다. 몽골 지역에서 중앙아시아를 거쳐 유럽까지 진출했던 훙노족 역시 알프스산맥을 넘어 내려오지는 않았어요. 로마 제국 또한 알프스산맥의 북쪽보다 동쪽, 서쪽, 남쪽으로 정복 활동을 활발하게 이어 갔죠. 그러다 보니 알프스산맥은 오랫동안 게르만족이 세운 국가들과 로마 제국의 경계 역할을 했어요.

지금도 알프스산맥 위에 있는 스위스는 유럽 연합에 가입하지 않고 중립국의 입장을 유지하고 있습니다. 산맥 남쪽의 남부 유럽, 산맥 위쪽의 서부 유럽·북부 유럽과는 구분되는 정체성을 가지고 있고, 경계 위에 있다는 지정학적 이점을 살려 독보적인 위상을 구축하고 있죠.

한편 스위스 내부를 살펴보면 언어의 분포가 알프스산맥의 능선을 따라 구분되어 있다는 것을 알 수 있어요. 스위스에서는 프랑스어, 독일어, 이탈리아어와 일부 사람들이 사용하는 로만슈어

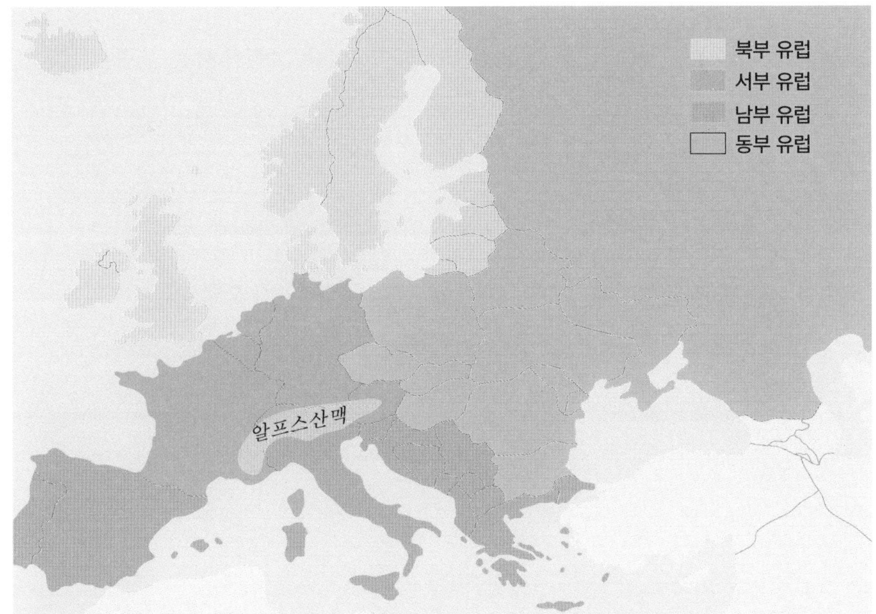

유럽의 지역 구분

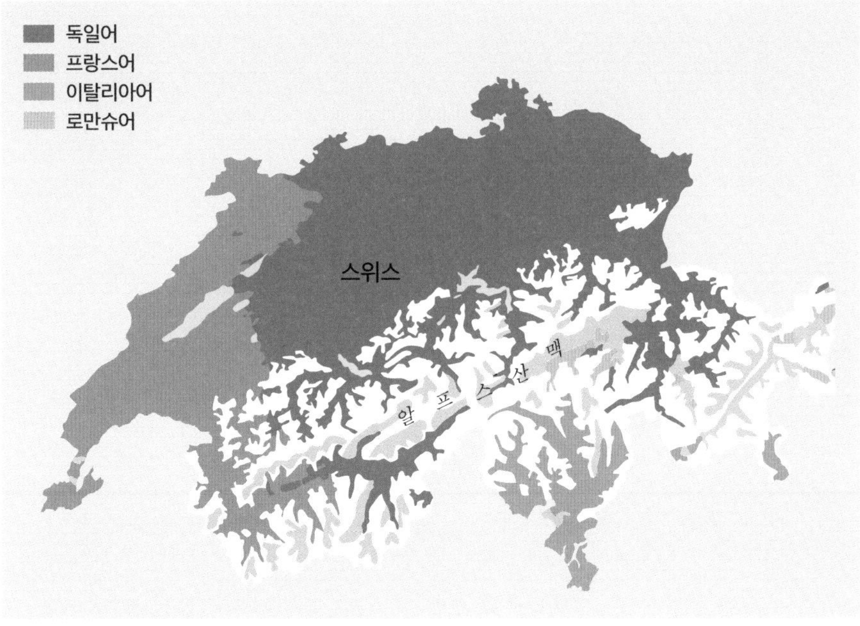

독일어
프랑스어
이탈리아어
로만슈어
스위스
알프스산맥

알프스산맥과 스위스 내 언어 지역 구분

가 공용어로 쓰입니다. 프랑스와 국경을 맞댄 지역에서는 프랑스어를, 독일이나 이탈리아와 국경을 맞댄 지역에서는 해당 국가의 언어를 사용하고 있죠.

그중 독일어 사용 지역과 이탈리아어 사용 지역의 경계는 알프스산맥이에요. 이러한 언어의 경계는 남부의 가톨릭 우세 지역과 북부의 개신교 우세 지역을 구분하는 종교적 경계와도 비슷하게 연결됩니다.

장벽을 뚫다: 북해와 지중해 잇기

알프스산맥은 오랫동안 확실한 장벽으로 여겨졌지만, 교통 기술의 발달과 사람들의 필요에 의해 조금씩 개척되었습니다. 특히 해발 2106m로 주변보다 낮은 고트하르트 고개는 이탈리아와 라인강 유역을 연결하는 중요한 남북 교통로였죠.

로마 제국 시대나 그 이전에는 교통로로 활발하게 사용되지 않았지만, 중세부터 이 고개를 이용한 이동이 활발해졌어요. 12세기 중반에는 험준하지만 도보로 이동할 수 있는 길이 닦였고, 13세기에는 일부 협곡에 목조 다리와 승마길이 개통되었습니다.

이후 무역이 활발해지면서 공간적 상호 작용의 필요성이 더욱

공간적 상호 작용 발생의 세 가지 원칙

지리학자인 에드워드 울먼에 따르면, 공간적 상호 작용의 발생은 다음 세 가지 원칙에 의해 형성된다고 해요.

첫째, 상호 보완성의 원칙입니다. 수요와 공급의 이해관계가 맞으면 공간적 상호 작용이 발생할 수 있어요. 예를 들어 이탈리아의 공업 지역은 서부 유럽의 석탄이 필요하고, 서부 유럽은 이탈리아의 농산물이 필요합니다. 따라서 두 지역 간에는 공간적 상호 작용이 발생할 가능성이 커요.

둘째, 수송 가능성의 원칙입니다. 상호 보완성이 존재한다고 하더라도 거리가 멀거나 중간에 지형적 장애물이 있으면 교통비가 증가해 공간적 상호 작용이 일어나지 않을 수도 있어요. 알프스산맥이 대표적인 지형적 장애물이죠.

셋째, 간섭 기회의 원칙입니다. 두 지역 간에 다른 보완성을 가진 지역이 있으면 이 지역이 공간적 상호 작용의 일부를 흡수하게 되어 두 지역 간의 상호 작용량이 줄어들 수 있어요. 만약 이탈리아와 국경을 맞댄 스위스가 일정량의 석탄을 가지고 있다면, 이탈리아는 더 먼 서부 유럽에서 석탄을 수입해야 할 이유가 줄어듭니다. 하지만 스위스는 석탄이 풍부한 나라가 아니므로 서부 및 북부 유럽과 남부 유럽은 알프스산맥이라는 지형적 장애물을 극복하면 공간적 상호 작용이 발생할 가능성이 커요.

철도를 통해 지중해와 북해 간 이동 시간을 단축시킨 고트하르트 베이스 터널

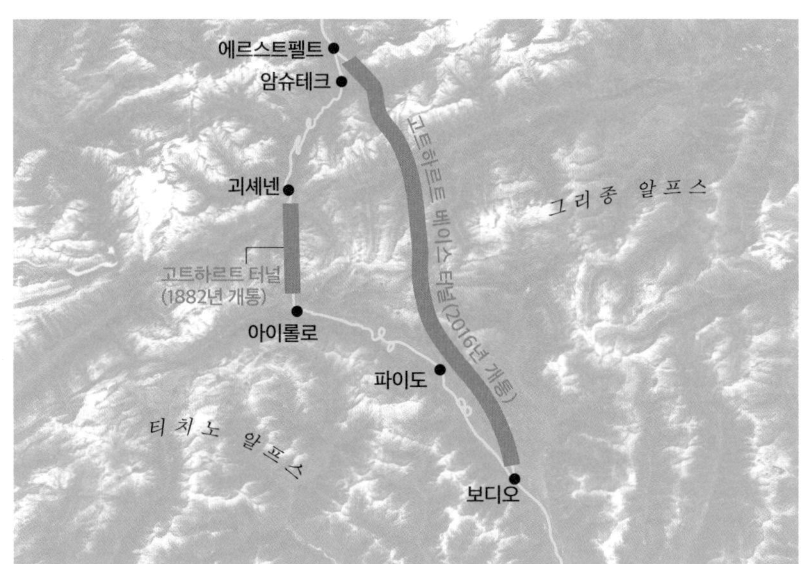

추가로 건설된 고트하르트 베이스 터널의 경로

고트하르트 베이스 터널 인근의 위성 사진을 지도화한 이미지입니다. 왼쪽이 기존 통행로인데, 이 중 노란색 선은 대부분 산과 산 사이의 계곡을 따라 놓인 철도입니다. 계곡을 따라가다 보니 먼 길을 우회해야 하는 지역에서는 터널을 뚫어야 했고, 그렇게 만들어진 터널이 파란색 선(고트하르트 터널)이에요. 오른쪽의 파란색 선은 새롭게 만든 고트하르트 베이스 터널입니다.

커졌고, 해발 고도가 비교적 낮은 곳을 중심으로 알프스산맥을 가로지르는 도로와 철도가 만들어졌어요. 2016년에는 철도인 고트하르트 베이스 터널 건설이 마무리되었고, 2020년에는 체네리 베이스 터널이 완공되었습니다. 2007년 개통된 뢰치베르크 베이스 터널 관련 추가 공사는 2028년에 마무리될 예정이랍니다.

1996년 사전 작업을 시작해 20년의 공사 기간을 거쳐 만들어진 고트하르트 베이스 터널은 길이가 57.09km로, 현재 세계에서 가장 길고 깊은 철도 터널입니다. 터널의 최대 깊이는 2450m인데, 이는 세계에서 가장 깊은 광산과 비슷한 수준이에요. 일본의 세이칸 터널이 완공된 후 터널 공사 기술이 빠르게 발전하면서 고트하르트 베이스 터널도 건설할 수 있게 되었죠.

고트하르트 베이스 터널의 주요 목적은 네덜란드의 로테르담, 스위스의 바젤, 이탈리아의 제노바를 효율적으로 연결하는 거예요. 현대 물류의 흐름을 보면 알프스산맥은 스위스 내부의 국지적인 이동을 방해하기도 하지만, 유럽 전체에서 북쪽의 북해와 남쪽의 지중해를 연결하는 철도를 가로막는 장애물로 작용하기도 합니다. 많은 화물이 알프스산맥을 우회하는 철도나 화물 트럭에 실려 이동해요. 이 문제를 중요하게 생각한 스위스 주민들은 고트하르트 베이스 터널을 만들기로 논의했습니다.

또 다른 이유도 있어요. 1980년대 후반부터 1990년대 초까지 유럽 연합이 창설되기 전 유럽경제공동체(EEC)는 스위스로의 고

산 횡단 트럭 통행 제한을 두고 스위스와 협상했습니다. 스위스의 요구 사항 중 하나는 트럭의 무게를 줄이는 것이었어요.

유럽경제공동체가 유럽 연합으로 바뀌는 과정에서도 논의는 이어졌고, 유럽 연합은 오히려 더 무거운 트럭의 통행을 요구했습니다. 스위스는 트럭의 무게를 28톤으로 제한하자고 주장했고, 유럽 연합은 48톤으로 제한하자고 맞섰죠. 결국 40톤으로 타협했으나 트럭으로 운송하는 것보다 안전하고 환경에 영향을 덜 미치는 철도를 늘릴 필요성이 커졌어요. 이미 철도와 자동차를 통해 알프스산맥을 넘어갈 수 있는 터널이 있었지만, 굳이 추가로 터널을 만든 이유가 이것입니다.

효율보다 안전, 돈보다 환경

터널 없이도 이미 산맥을 넘어갈 수 있는 다른 교통로가 존재한다는 점에서, 앞부분에서 다뤘던 수에즈 운하, 파나마 운하, 세이칸 터널 등과 고트하르트 베이스 터널은 성격이 조금 다르게 느껴질 수 있어요.

앞의 세 시설은 이동이 어렵거나 불가능했던 두 지역을 효율적으로 연결하는 역할을 했습니다. 물론 고트하르트 베이스 터널

고트하르트 베이스 터널

이 완성되면서 밀라노와 취리히 사이의 열차 운행 시간이 30분가량 줄어들었죠. 추가로 개통된 체네리 베이스 터널까지 고려하면, 1시간 정도 운행 시간이 단축되었어요. 하지만 수십 일의 해상 이동 시간을 줄여서 비용 효율을 가져온 수에즈 운하와 파나마 운하, 그리고 해상 운항의 위험을 없애고 육로로 이동할 수 있게 만든 세이칸 터널에 비하면 효과가 미미해 보입니다. 약 120억 스위스 프랑(약 14조 4000억 원)을 들여 얻은 효과라기에는 아쉬운 점이 있죠.

경제적인 부분을 따져 보면 더 그렇습니다. 2022년 기준으로 수에즈 운하는 약 10조 원, 파나마 운하는 약 4조 원의 통행료 수익을 올렸어요. 반면 고트하르트 베이스 터널은 철도 터널이기 때문에 별도의 통행료가 부과되지 않습니다.

고트하르트 베이스 터널 건설과 관련해 특이한 점 중 하나는 이 터널의 건설 여부가 직접 민주주의 방식으로 결정되었다는 것이에요. 스위스 국민은 트럭보다 기차의 탄소 배출이 적다는 사실에 주목했죠.

스위스는 국내에서 사용하는 전기의 절반 이상을 수력 발전을 통해 얻고 있어요. 전기를 이용하는 기차는 다른 교통수단에 비해 자연환경과 기후 변화에 미치는 영향이 훨씬 적습니다. 또한 많은 스위스 국민이 알프스산맥과 연계한 관광 산업으로 생계를 꾸려 나가고 있어요. 그런데 지구 온난화로 산꼭대기의 빙하가 녹고 있는 상황은 스위스 국민에게 일상의 위기로 다가왔습니다. 트럭 운행 중에 발생할 수 있는 사고를 예방하는 것도 스위스 국민의 안전과 직결된 문제였죠.

이러한 문제들을 해결하기 위해 고트하르트 베이스 터널의 건설 여부는 국민에게 직접 의사를 묻는 방식으로 진행되었고, 스위스 국민의 64%가 찬성해 건설이 결정되었어요. 이동의 효율성도 중요하지만, 환경과 안전을 고려한 국민의 합의로 알프스산맥이라는 장벽을 극복하는 데 예산을 투자하는 선택은 현대를 살아가는 우리에게 중요한 메시지를 전달합니다.

인간은 점점 선으로 가로막혀 있다고 생각하는 곳들을 정복하고 있어요. 과학 기술이 발전하면서 더 빠르고 효율적인 선을 통해 장벽을 넘어갈 수 있는 상황이 펼쳐지고 있죠.

이제는 '어떻게 하면 장벽을 넘는 선을 연결할 수 있는가'를 넘어, '어떤 선으로 장벽을 넘을 것인가'를 고민해야 할 때입니다. 과거에는 넘어가는 것 자체가 목적이 되고, 어떻게 하면 경제적 이익을 극대화할 수 있을지를 고민하는 선이 생겼어요. 하지만 이제는 새롭게 만들어질 선이 인간과 자연환경, 지구에 미치는 영향을 생각해야 합니다. 또한 정부와 기업이 일방적으로 결정하는 것이 아니라 시민 한 명 한 명의 의견을 모아 선을 만들어 나가는 것이 중요해요.

그레이트디바이딩산맥 — 자원 강국 오스트레일리아의 미래

우랄산맥 — 유라시아를 흔드는 러시아의 힘

산맥

피레네산맥 — 유럽 연합 철도 사업 핵심 네트워크

라야산맥 — 남아시아 패권 전쟁

히말라야산맥

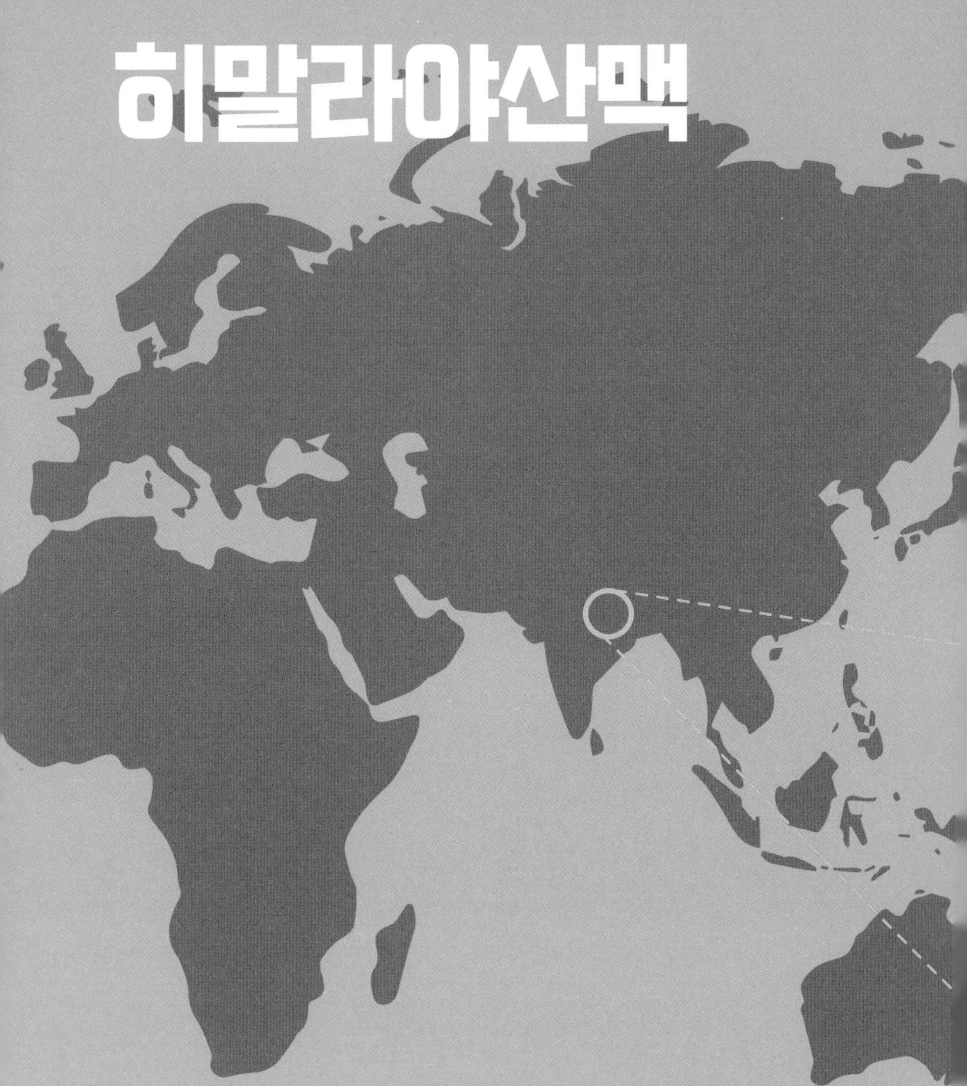

남아시아 패권 전쟁

남아시아는 아시아의 남부 지역을 가리키는 말로, 보통 히말라야산맥 남쪽에 있는 인도, 파키스탄, 방글라데시, 네팔, 부탄, 스리랑카, 몰디브를 말합니다. 남아시아 대부분은 인도가 차지하고 있어서 인도반도 또는 인도 아대륙이라고도 불리죠. 히말라야산맥으로 인해 아시아의 다른 지역과 단절된 남아시아에서는 인도의 영향력이 매우 커요. 지금부터 이러한 상황 속에서 형성된 남아시아 국가 간의 지정학적 관계에 대해 살펴볼까요?

세계에서 가장 높은 산인 에베레스트산은 네팔과 중국의 국경에 있습니다.

인도와 중국을 가른 세계의 지붕

히말라야는 고대 인도어인 산스크리트어로 눈雪을 뜻하는 '히마hima'와 집을 뜻하는 '알라야alaya'가 결합한 단어입니다. 이름의 유래처럼 히말라야산맥에서는 1년 내내 녹지 않는 만년설을 볼 수 있어요. 높은 해발 고도로 인해 산 정상의 기온이 낮아 1년 내내 눈이 녹지 않는 것이죠.

세계에서 가장 높은 산인 에베레스트산은 히말라야산맥에 있습니다. 이뿐만 아니라 2위 K2, 3위 칸첸중가, 4위 로체, 5위 마칼루, 6위 초오유, 7위 다울라기리, 8위 마나슬루, 9위 낭가파르바트, 10위 안나푸르나 모두 히말라야산맥에 있어요. 그래서인지 히말라야산맥의 별명은 '세계의 지붕'이랍니다. 우리나라에서 가장 높은 산인 한라산이 1947m, 백두산이 2744m이니, 이들 산이 얼마나 높은지 상상이 되죠?

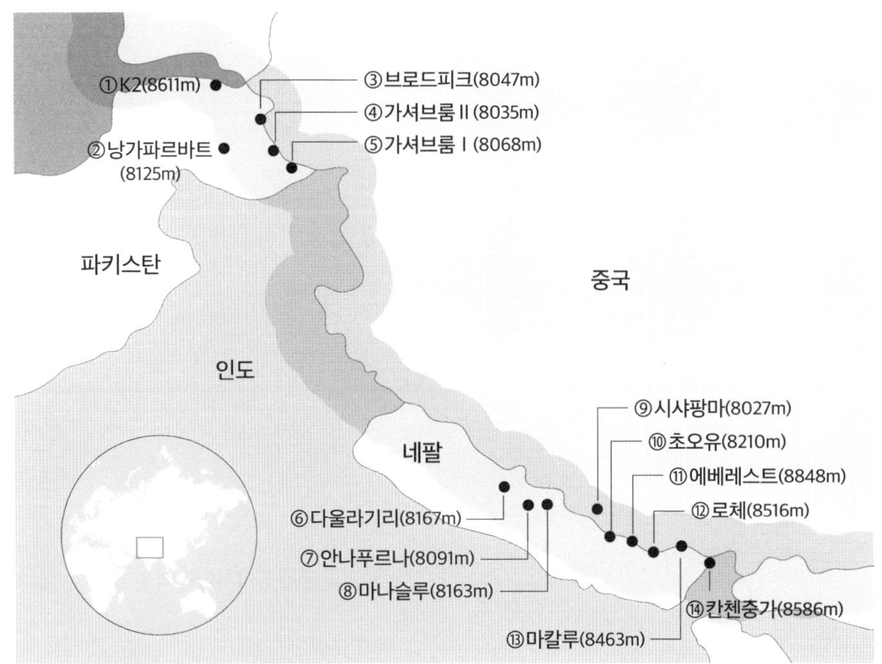

8000m가 넘는 히말라야 14좌

이처럼 엄청난 높이를 자랑하는 히말라야산맥은 지구 표면의 판들이 오랜 시간에 걸쳐 충돌하면서 솟아올라 만들어졌습니다. 지구 표면은 여러 개의 판으로 이뤄져 있고, 이 판들은 매년 조금씩 이동해요. 이 과정에서 충돌이 생기고, 오랜 세월 동안 서서히 휘어지고 합쳐지고 새로운 지층이 더해지며 거대한 산맥이 형성됩니다.

히말라야산맥은 인도판과 유라시아판의 충돌로 형성되었어

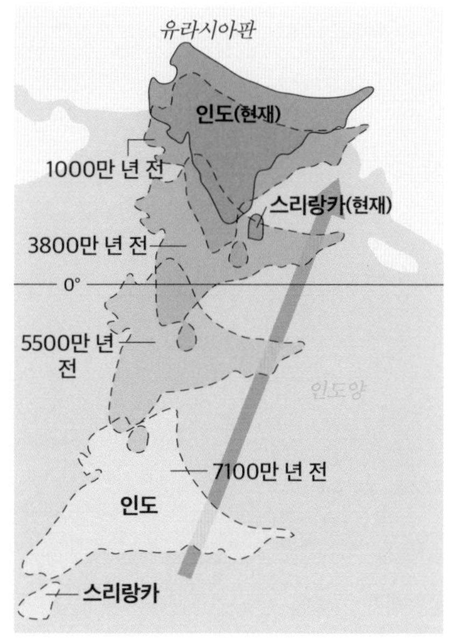

인도판과 유라시아판의 충돌

요. 약 7000만 년 전, 남위 20~40도에 있었던 인도판은 적도를 지나 북상하며 유라시아판과 충돌했습니다. 인도판이 계속해서 밀어붙이자, 두 대륙판의 가장자리가 깨지면서 밀려 올라가 두꺼워졌죠. 이러한 과정을 거쳐 지층이 휘어지고 솟아오르면서 히말라야산맥이 만들어졌습니다. 현재도 인도판은 1년에 약 5cm씩 북동쪽으로 이동하고 있어서 히말라야산맥은 조금씩 높아지고 있어요.

히말라야산맥이 자랑하는 엄청난 높이는 산맥 양쪽을 단절시키는 강력한 힘으로 작용했습니다. 이 때문에 히말라야산맥 남쪽에 있는 국가들은 아시아의 다른 지역과 단절된 채 이들만의 관계를 형성해 나갔죠. 지금부터 히말라야산맥 남쪽에 있는 인도, 네팔, 부탄과 히말라야산맥 북쪽에 있는 중국의 관계에 대해 이야기해 볼게요.

자연 국경도 지키지 못한 평화

혹시 '친디아Chindia'라는 말을 들어 본 적이 있나요? 이 단어는 'China중국'와 'India인도'를 합친 말입니다. 1990년대 후반부터 2000년대 초반 사이에 중국과 인도가 경제적으로 급격히 성장하자, 두 나라의 영향력에 주목한 경제학자들이 사용하기 시작한 용어죠.

중국과 인도는 풍부한 인적 자원을 바탕으로 경제 발전을 거듭했어요. 2023년 유엔 인구 통계에 따르면 인도의 인구는 약 14억 2860만 명, 중국의 인구는 약 14억 2570만 명으로, 두 나라가 세계 인구의 약 35%를 차지합니다.

중국은 2000년대 초반부터 개방 정책과 함께 제조업 분야에서 엄청난 성장을 보였어요. 2024년에는 GDP 세계 2위에 올라 세계 1위인 미국과 경쟁하며 세계 경제를 주도하고 있죠. 인도

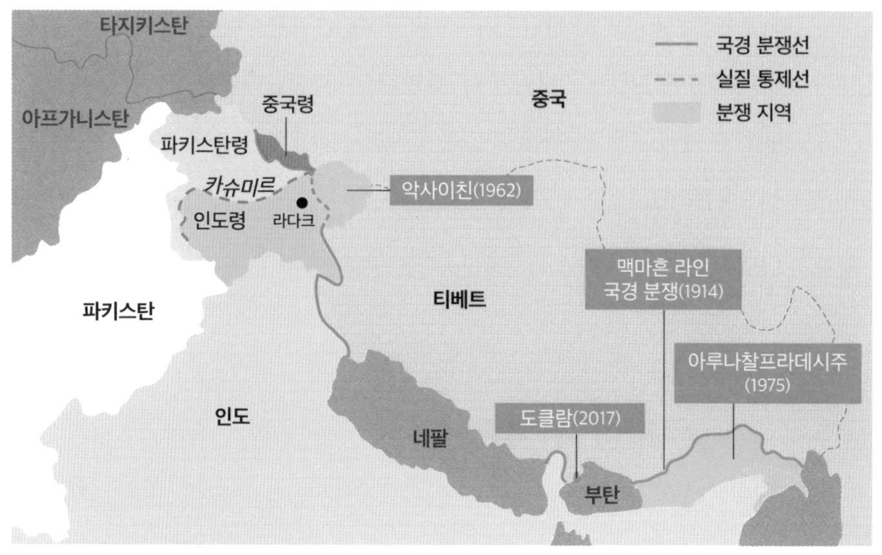

인도와 중국의 국경 분쟁

역시 풍부한 노동력과 탄탄한 수학·과학 기초를 토대로 IT 산업에서 강세를 보이며, GDP 세계 5위 국가로서 세계 경제에 강력한 영향을 미치고 있습니다. 전문가들은 중국과 인도가 상호 보완하는 경제 체제를 갖춘다면, 앞으로 세계 경제에 미칠 영향력이 매우 클 것이라고 예상해요.

하지만 중국과 인도의 협력은 그리 쉽지 않아 보입니다. 높디높은 히말라야산맥도 이들의 국경 분쟁을 막지는 못했으니까요.

중국과 인도 간 국경 분쟁은 '맥마혼 라인McMahon Line'에서 비롯됩니다. 맥마혼 라인은 1914년 당시 인도를 지배하던 영국과 중화민국에서 독립 상태였던 티베트가 정한 경계선으로, 히말라야산맥의 분수령(한 근원의 물이 두 갈래 이상으로 나뉘어 흐르는 경계가 되는 산맥)에 설정되었어요.

1949년 중화인민공화국(중국) 정부를 공식 수립하고 1950년 티베트를 점령한 중국은 인도와의 국경 설정에 문제를 제기하기 시작했습니다. 티베트를 독립국으로 인정하지 않기 때문에 과거에 체결한 중국-인도 간 국경 조약도 무효라고 주장했죠. 반면 인도는 티베트가 당시 독립국이었기 때문에 맥마흔 라인이 인도와 중국 간의 분명한 국경선이라고 주장하며 갈등을 겪고 있어요.

이러한 갈등은 결국 무력 충돌로 번졌습니다. 1962년 중국과 인도는 히말라야산맥 서쪽 지역에서 군을 동원한 전쟁을 벌였어요. 이때 인도에서는 많은 사상자가 나왔지만, 중국은 피해가 그리 크지 않았습니다. 결과적으로 중국은 국경선 분쟁 지역의 북동부 악사이친을 완전히 장악했고, 현재까지도 실효 지배하고 있어요.

1975년에는 히말라야산맥 동쪽인 아루나찰프라데시주에서 중국군의 공격으로 인도군이 목숨을 잃는 일이 발생했습니다. 중국은 아루나찰프라데시주가 과거 티베트 지역이었다는 점을 근거로 영유권을 주장했지만, 인도는 맥마흔 라인에 따라 자국 영토라고 주장하며 현재까지 실효 지배하고 있어요. 1975년 무력 충돌 이후 양측은 회담을 통해 국경 문제를 평화적으로 해결하겠다고 약속했습니다.

하지만 인도와 중국은 2017년 부탄에서 다시 충돌했어요. 2017년 6월, 중국은 부탄·인도·중국 세 나라의 국경 지대인 도클람(부탄명 도클람, 인도명 도카라, 중국명 둥랑) 지역에 도로를 건설하기 시작했습니다. 이에 부탄은 즉각 항의하며 인도에 지원을 요청했어요. 1949년 인도와 우호 조약을 체결해 안보·외교·경제 분야에서 전적으로 도움을 받고 있었기 때문이죠.

중국은 인도군이 자국 영토에 불법 침입했다고 항의했으며, 인도는 분쟁 지역에서 중국이 도로를 건설하는 것이 불법적 실효 지배라고 반박했어요. 이러한 군사 대치는 무려 73일간 이어지다가 양측의 합의로 군대가 철수하면서 마무리되었습니다.

하지만 평화는 오래가지 못했어요. 2020년 6월, 중국과 인도의 실질 통제선(LAC) 근처인 라다크 지역에서 중국군과 인도군 간의 무력 충돌이 일어난 것이죠. 총기 사용은 없었지만 인도군과 중국군 수백여 명이 격렬한 난투극을 벌인 끝에 인도군 20명이 사망하고, 중국군도 다수의 사상자가 발생한 것으로 알려졌습니다.

계속되는 중국과 인도의 충돌, 단순히 국경 문제 때문일까요? 아닙니다. 중국과 인도의 국경 분쟁은 작게는 두 나라 간의 영토 갈등이지만, 크게는 남아시아의 패권 경쟁이기 때문이에요. 전통적으로 남아시아의 패권 국가는 인도였지만, 중국이 이 자리를 넘보면서 두 나라의 전쟁이 시작된 것이죠. 한 외국 언론은 이 상

히말라야산맥 북서부 지역에서 "당신은 국경을 넘었습니다. 돌아가십시오"라고 쓰인 현수막을 들고 있는 중국군 ©연합뉴스

황을 두고 "아시아의 초강대국이 되려는 인도와 중국은 충돌할 운명"이라고 보도하기도 했어요.

이러한 패권 경쟁은 남아시아 국가를 대하는 외교 관계에서 잘 드러납니다. 중국은 일대일로 정책을 통해 스리랑카, 파키스탄, 부탄, 네팔 등에 인프라를 건설하고 투자를 유치하며 경제 협력을 강화하고 있어요. 이를 통해 중국은 남아시아에서 영향력을 확대하고 있죠. 이에 맞서 인도는 '이웃 나라 우선주의' 정책을 추진하며 부탄과 에너지, 항공 우주 연구 등 열 개 분야에서 협력 관계를 맺었어요. 또한 몰디브와 스리랑카를 방문하는 등 남아시아에서의 영향력을 더욱 공고히 하고 있습니다.

'히말라야 전쟁 게임'이라 불리는 중국과 인도의 분쟁. 과연 앞으로 남아시아의 패권은 누가 거머쥐게 될까요?

14억 중국과 14억 인도 사이, 80만 부탄

부탄은 중국과 인도 사이에 자리한 히말라야의 산악 국가입니다. 인구 규모를 보면 알 수 있듯이 상대적으로 작은 나라죠.

부탄은 히말라야산맥으로 인해 중국으로 가는 길이 막혀서 오래전부터 인도와 우호적인 관계를 맺어 왔어요. 특히 과거 티베트가 중국에 의해 강제로 병합되는 과정을 본 부탄은 중국을 경계하며 더욱더 친인도 정책을 펼치고 있습니다. 부탄이 아직 중국과 수교를 맺지 않았다는 사실이 이를 증명하죠.

부탄과 인도의 관계를 조금 더 살펴볼까요? 부탄은 히말라야산맥의 지형을 이용해 수력 발전을 특화했고, 이 방식으로 생산한 전기를 수출해 경제적 이익을 얻고 있습니다. 2016년 기준, 부탄의 전체 수출 품목 가운데 수력 전기는 약 32%를 차지했으며, 그중 상당량이 인도로 수출되었어요. 즉, 인도는 부탄의 주요 무역 상대국으로 중요한 의미가 있죠.

또한 인도는 부탄이 수력 발전소를 건설할 때 가장 많은 돈을 빌려준 국가이기도 해요. 2017년 부탄이 외국에서 빌린 돈 중 약 76%가 수력 발전에 사용되었으며, 그중 약 90%를 인도가 제공했습니다. 이처럼 경제적으로 인도에 상당히 의지하고 있는 만큼 부탄은 계속해서 친인도 정책을 펼칠 수밖에 없죠.

하지만 부탄과 중국의 관계에도 변화가 생기고 있어요. 중국은 인도를 견제하고 남아시아 지역에서 영향력을 확대하기 위해 부탄에 경제적 지원을 약속한 바 있습니다. 또한 부탄의 주요 수입원은 관광업인데, 최근 많은 중국인이 부탄을 방문하면서 부탄 경제에 기여하고 있어요. 2021년에는 오랜 시간 이어져 온 국경 분쟁 문제에 관한 회담을 촉진하는 문서에 합의하기도 했습니다. 두 나라가 국경 문제 해결에 뜻을 함께한 것이죠.

부탄은 히말라야산맥 위라는 특수한 지리적 위치만큼이나 중국과 인도 사이에서 특수한 관계적 위치를 차지하고 있어요. 앞으로 부탄은 친인도 정책을 유지하는 것과 새롭게 중국과 협력 관계를 맺는 것 중 어떤 것을 선택해 자국의 이득을 극대화할지 궁금합니다.

네팔, 히말라야 너머를 보다

히말라야산맥에 있는 네팔은 만년설 덕분에 수자원이 풍부합니다. 네팔은 이를 활용해 수력 발전으로 전기를 생산하고 수출하고자 했어요. 이 과정에서 인도와 중국은 네팔의 댐 건설에 많은 돈을 투자했죠.

그런데 2019년 인도는 네팔에서 중국의 투자로 생산된 전기는 사지 않겠다고 밝혔습니다. 중국과 전력망이 연결되어 있지 않아 판매 경로가 인도밖에 없었던 네팔은 결국 중국 기업에 부여했던 각종 권리를 취소하고 이를 인도 기업에 넘겼어요. 인도의 위협으로 인해 중국과의 관계를 깰 수밖에 없었죠.

2015년에는 네팔이 새 헌법을 제정했습니다. 이 과정에서 네팔의 소수 민족인 마데시족이 헌법 제정에 반대하며 인도-네팔의 국경에서 시위를 벌였어요. 이로 인해 인도-네팔 국경은 봉쇄되었고, 네팔은 국내 석유 공급에 어려움을 겪었죠.

마데시족과 유대 관계에 있던 인도 정부는 네팔 정부에 시위를 진정시키고 새 헌법 공포를 미룰 것을 요청했습니다. 네팔 정부는 인도-네팔 국경의 봉쇄 조치를 해제해 달라고 요청했지만, 양측은 국경에 대한 합의된 조치를 이루지 못하면서 갈등을 겪었어요. 그 결과 네팔은 인도가 아닌 중국에서 석유를 수입하는 계약을 체결하게 됩니다. 40여 년 동안 인도가 독점했던 네팔의 석유 산업에 변화가 생긴 것이죠.

이렇게 네팔과 중국이 가까워지자, 인도는 다시 네팔과의 우호 관계를 회복하기 위해 노력합니다. 2016년 인도는 네팔의 지진 피해 복구를 위해 7억 5000만 달러(약 8440억 원)의 차관(한 나라의 정부나 공공 기관이 외국 정부나 공적 기관에서 빌린 자금)을 제공했어요. 이와 더불어 두 나라는 국경 고속도로 개선 사업, 전력 교류 등을 논의하며 경제적 협력을 약속했습니다.

하지만 중국도 네팔과의 관계에서 물러서지 않았어요. 2019년 중국은 네팔이 자국의 항구, 도로, 철도를 무역 목적으로 사용할 수 있는 권리를 부여했습니다. 네팔은 지리적 특성상 히말라야산맥에 가로막혀 북쪽으로 진출하지 못하고, 주로 인도와 교류하거나 제3국과 거래하더라도 인도를 통해야 하는 한계점이 있었어요. 하지만 중국의 이 조치로 인해 네팔은 인도에 대한 무역 의존도를 낮추고, 히말라야산맥 너머 세계에 진출할 기회가 생겼습니다.

중국과 인도는 남아시아 패권을 장악하기 위해 경쟁적으로 네팔에 혜택을 제공하고 있어요. 히말라야산맥이라는 위치적 특수성으로 인해 고립되었던 네팔에 기회가 생긴 것이죠. 앞으로 네팔이 인도와 중국을 이용해 어떻게 세계로 나아갈지 그 행보가 기대됩니다.

인도와 파키스탄의 자존심을 건 발차기

히말라야산맥 서쪽 끝 카슈미르 지방 아래, 인도와 파키스탄이 만나는 와가 국경에서는 매일 저녁 국기 하강식이 열립니다. 이 행사는 특별한 퍼포먼스로 가득해요.

국기 하강식이 시작되면, 양국 군인들은 절도 있게 등장해 긴장감 속에 서로를 노려보다가 다리를 머리 위까지 높이 차는 발차기 경쟁을 합니다. 이뿐만 아니라 양국 관중의 응원, 양국 깃발 들고 달리기 등 다른 경쟁도 치열해요. 해가 지면 인도와 파키스탄의 국기가 동시에 내려가고, 양국 군인이 악수한 뒤 철수하며 끝나죠.

발차기 경쟁을 하는 인도군(왼쪽)과 파키스탄군(오른쪽)

카슈미르와 와가 국경의 위치

이 행사의 기원은 과거 영국의 식민지였던 인도와 파키스탄이 독립하는 과정에서 카슈미르를 두고 벌인 전쟁과 관련이 있어요. 당시 카슈미르는 주민의 약 70%가 이슬람교도여서 파키스탄에 귀속되기를 희망했지만, 힌두교도 지도자에 의해 인도에 귀속되었습니다. 이후 여러 차례 전쟁을 거쳐 잠무 카슈미르는 인도령, 아자드 카슈미르는 파키스탄령으로 분할 통치하게 되었어요.

하지만 현재도 인도와 파키스탄은 카슈미르 전체가 자기 땅이라 주장하며 갈등을 이어 가고 있습니다. 이와 같은 역사적 배경이 있기에 인도와 파키스탄의 국기 하강식은 단순한 군사 퍼포먼스를 넘어, 두 나라 사이의 갈등과 화해의 가능성을 상징하는 행사랍니다.

우랄산맥

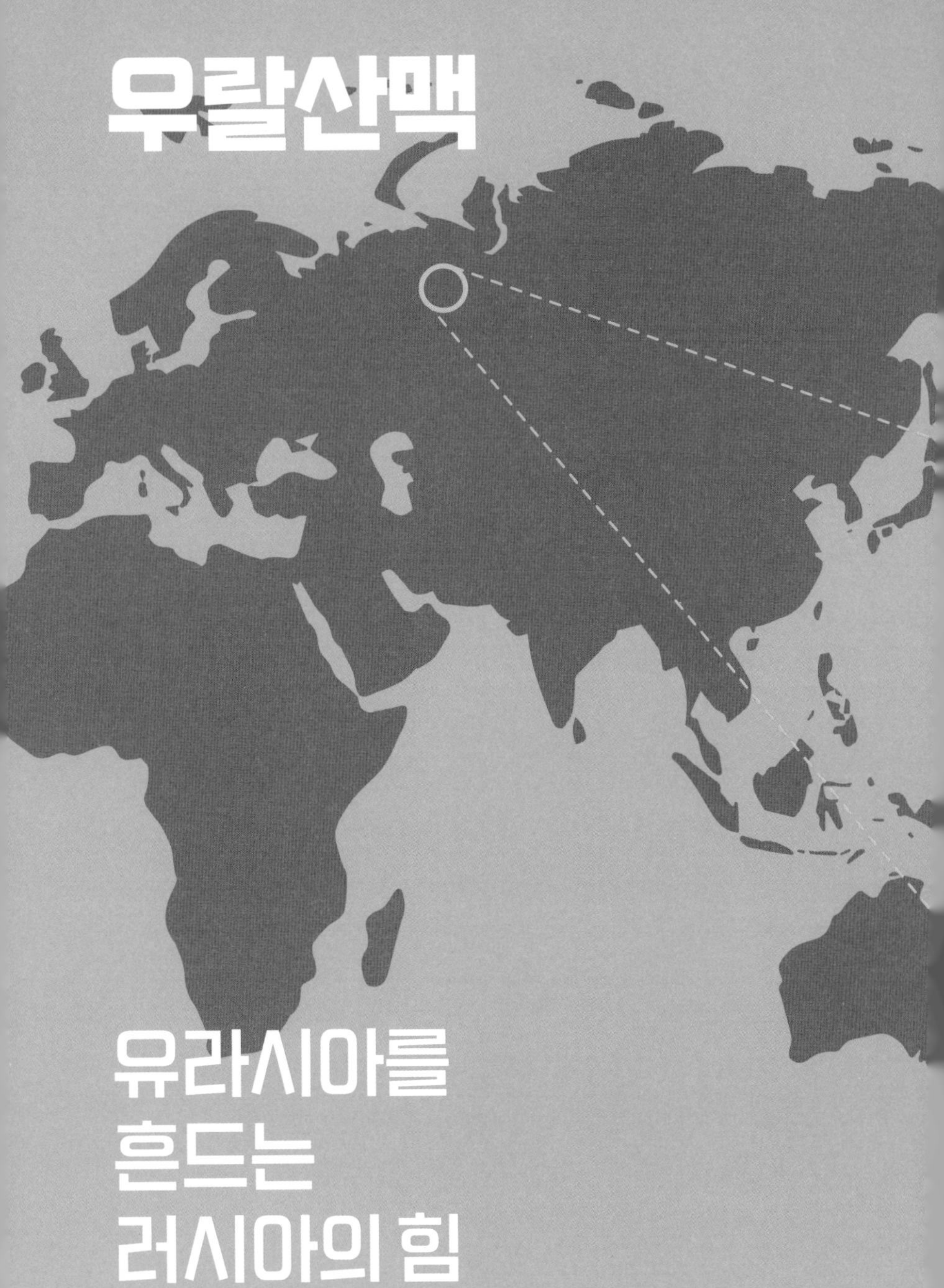

유라시아를 흔드는 러시아의 힘

유럽과 아시아를 구분하는 기준은 무엇일까요?
아시아와 유럽 사이에 있는 흑해일까요? 아니면 유럽과 아시아에 걸쳐 있는 러시아일까요? 여러 기준이 있지만, 가장 많이 인용되는 것은 바로 우랄산맥입니다.
지금부터 러시아 중심에 있는 우랄산맥이 어떻게 유럽과 아시아를 나누는 경계가 되었는지, 그렇다면 러시아는 어느 대륙에 속하는지, 우랄산맥이 이 지역에 어떤 영향을 끼쳤는지 알아보도록 해요.

러시아 중부를 남북으로 길게 가로지르는 산맥으로, 유럽과 아시아를 나누는 자연 경계선입니다.

러시아가 세계 영토 크기 1위인 이유

러시아의 면적은 약 1709만km²로, 세계에서 가장 넓은 영토를 자랑합니다. 한반도의 약 78배, 중국의 약 2배, 미국의 약 2배 크기죠.

그렇다면 러시아는 처음부터 이렇게 넓은 땅을 가지고 있었을까요? 아닙니다. 러시아의 시작은 도시 크기만 한 모스크바 대공국이었어요.

이반 1세는 주변의 작은 공국들을 흡수하며 모스크바를 강력한 대공국으로 성장시켰습니다. 이후 이반 3세는 모스크바를 중심으로 우랄산맥 서쪽의 크고 작은 공국들을 통일하며, 1480년 모스크바 러시아 시대를 열었죠.

한편 이반 4세는 국명을 '러시아 차르국'으로 선포하고, 우랄산맥을 넘고자 힘썼어요. 그의 후원을 받은 예르마크 장군의 원정대는 1581년 우랄산맥을 넘어 시베리아에 진출하는 데 성공했습니다. 우랄산맥의 험한 지형과 긴 겨울, 혹독한 추위로 쉽지 않은 원정이었지만, 예르마크 원정대는 우랄산맥 주변의 강을 따라 이동하며 동쪽으로 영토 확장의 기반을 다졌죠.

이후 러시아 탐험가들은 본격적으로 시베리아에 진출하게 되었고, 군사적 우위를 이용해 시베리아 원주민과의 전투에서 승리하며 영토를 넓혀 갔습니다. 특히 우랄산맥 너머에는 시베리아 평원이 있어 지형적으로 유리했어요. 그래서 이전보다 더욱 빠른 속도로 영토를 확장할 수 있었답니다.

러시아는 18세기에 이르러 영토 확장과 더불어 '러시아 제국'으로 거듭나게 됩니다. 18세기 초 표트르 대제는 스웨덴과의 전쟁에서 승리하며 발트해 연안을 차지하고, 해안가에 상트페테르부르크를 건설했어요. 이후 수도를 모스크바에서 상트페테르부르크로 옮기고, 서부 유럽의 선진 문물을 적극적으로 도입하며 러시아를 강대국으로 키우고자 했죠. 이렇게 서쪽으로는 친유럽 정책을 추진하고, 동쪽으로는 극동 탐험대를 조직해 영토 확장을 이어 갔어요.

18세기 말 예카테리나 2세는 러시아의 영토를 남쪽과 서쪽으로 더욱 확장했습니다. 남부의 흑해 연안과 크림반도를 정복했을 뿐만 아니라 주변 국가와의 폴란드 분할 과정에서 우크라이나와

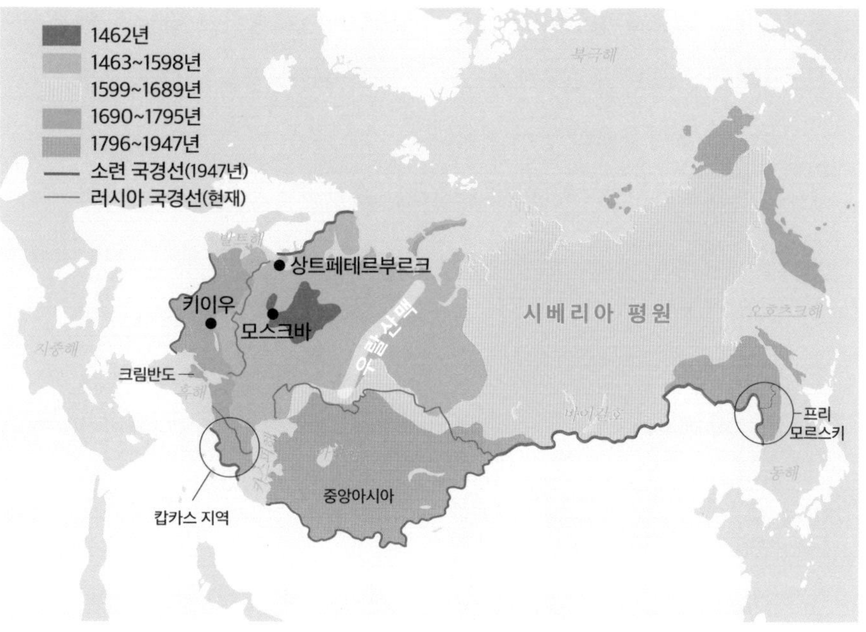

러시아의 영토 확장

벨라루스를 차지했죠.

19세기 중엽 니콜라이 1세는 예카테리나 2세에 이어 캅카스 지역(아르메니아, 아제르바이잔, 조지아) 정복에 나섰고, 전쟁에서 승리하며 이 지역 또한 러시아 제국의 땅으로 만들었습니다. 이후 러시아는 우즈베키스탄 등 중앙아시아 초원 지대를 장악하고, 동아시아의 프리모르스키(연해주)까지 차지하며 동아시아에서도 큰 영향력을 행사하게 되었어요.

우랄산맥 서쪽에서 시작된 러시아의 영토 확장은 우랄산맥을 넘어 시베리아를 지나 동쪽 끝 태평양까지 닿게 되었습니다. 세계에서 가장 넓은 영토가 완성된 순간이었죠. 이후 러시아 제국은 주변국을 통합한 '소비에트 사회주의 공화국 연방(소련)'을 거쳐 1991년 우리가 알고 있는 현재의 러시아가 되었어요.

유럽과 아시아의 경계

산맥은 과거부터 지역을 구분하는 경계로 활용되었습니다. 산맥이 높고 길수록 경계로서 더 큰 힘을 발휘했죠. 특히 우랄산맥은 남북으로 길게 뻗어 있어 대륙을 나누는 경계로 적합했습니다. 이에 우랄산맥은 자연스럽게 유럽과 아시아의 경계가 되었어요.

러시아 역시 우랄산맥으로 인해 동부 러시아와 서부 러시아로 나뉘었고, 자연스럽게 동부 러시아는 '아시아 러시아', 서부 러시아는 '유럽 러시아'가 되었습니다. 이러한 지리적 인식은 지도에 그대로 반영되었죠.

우랄산맥을 따라 유럽과 아시아의 경계를 나타내는 비석이 40개 이상 세워져 있어요. 그중 가장 먼저 세워진 유라시아 경계비는 페르보우랄스크 지역에 있으며, 러시아 제국 시절 알렉산드르 2세가 이곳을 방문한 것을 기념해 1837년에 만들어졌습니다.

유럽과 아시아를 구분한 고지도

이러한 경계비는 유럽과 아시아의 경계를 명확히 하고, 러시아의 역사적·문화적 정체성을 확립하는 데 기여해요. 또한 러시아가 유럽과 아시아의 교차점에 있다는 사실을 시각화함으로써 국제 사회에서 러시아의 위상을 보여 주기도 하죠.

한편 우랄산맥은 러시아 내부에서도 경계로 작용해요. 유럽 러시아(서부 러시아)와 아시아 러시아(동부 러시아)는 인구와 도시 발달 측면에서 유의미한 차이가 있습니다. 러시아 전체 인구의 약 75%가 유럽 러시아에 집중되어 있으며, 과거 수도였던 상트페테

유럽 러시아와 아시아 러시아

왼쪽은 유럽, 오른쪽은 아시아를 의미하는 유라시아 경계비

르부르크와 현재 수도인 모스크바 또한 유럽 러시아에 있어요.

자원과 사람을 이어 주는 열차의 탄생

아시아 러시아는 '시베리아'라는 이름으로 더 잘 알려져 있어요. 우랄산맥이 러시아를 남북으로 가로지른다면, 시베리아 횡단 철도는 동서로 연결된 노선입니다.

시베리아 횡단 철도는 러시아 제국이 사회적·경제적 문제를 해결하기 위해 제안한 철도예요. 당시 유럽 러시아에 집중된 인구를 시베리아로 분산할 필요성이 커졌습니다. 또한 시베리아의 자원을 개발해 러시아를 공업화하는 것도 중요한 문제였죠. 이에 러시아 제국은 철도를 건설해 시베리아의 자원 개발과 인구 분산 문제를 해결하고자 했어요.

시베리아 횡단 철도는 1891년 건설을 시작했으며, 노선은 모스크바에서 블라디보스토크까지로 정해졌습니다. 모스크바에서 우랄산맥 서부 지역까지는 1880년대에 이미 철로가 건설되어 있었기 때문에, 우랄산맥 동부 지역부터 서부 시베리아, 중부 시베리아, 바이칼호 주변, 태평양 연안 구간에 공사가 진행되

시베리아 횡단 철도 노선

었죠. 25년 만인 1916년 전 구간 공사가 완료되면서 총길이 약 9300km의 시베리아 횡단 철도가 탄생했습니다.

철도 건설로 유럽 러시아와 시베리아 사이의 인적·물적 교류가 활발해졌어요. 시베리아 이주민 수도 1880년대 연간 10만 명 정도에서 1890년대 후반에는 연간 20만 명 이상으로 늘어났습니다. 이에 따라 시베리아의 총인구는 1897년에 490만 명을 기록했죠. 또한 러시아는 시베리아의 자원 개발로 공업화의 기반을 탄탄히 다질 수 있었어요. 현재까지도 석탄, 석유, 천연가스 등의 자원을 바탕으로 경제적 이익을 얻고 있습니다.

한편 시베리아 횡단 철도는 상대적으로 지형이 완만한 중부 지역을 통해 우랄산맥을 넘도록 설계되었어요. 중부 지역은 드물게 500m를 넘을 만큼 상대적으로 해발 고도가 낮아서 터널을 뚫지 않고도 자연스럽게 지형을 넘는 철로 건설이 가능했기 때문입니다.

반면 우랄산맥 북부 지역은 교통 인프라가 제한적이에요. 지형적으로 고도가 높고 험준할뿐더러 북극과 가까워 눈과 얼음, 빙하가 뒤섞인 탓에 교통로 건설 자체가 쉽지 않습니다. 게다가 인구가 적고 경제 및 산업 활동도 상대적으로 적어 활용도를 고민해 봐야 하죠.

하지만 최근 북극 지역의 자원 개발이 주목받으면서 이 지역의 교통로 개발 또한 주목받고 있어요. 북극해의 새로운 교통로가 개발되면 육상 교통과의 연계도 중요해질 것이고, 이는 우랄산맥 북부 지역을 넘는 도로와 철도 개발을 촉진할 수 있습니다. 기후 변화로 인해 북극 지역의 얼음과 눈이 줄어들고 있는 상황에서 우랄산맥 북부 지역의 지형적 어려움은 어느 정도 극복할 수 있을 거예요.

우크라이나 전쟁이 의미하는 것

유럽 연합과의 갈등

2010년 러시아의 푸틴 총리는 독일 베를린에서 열린 경제 포럼에 참석했어요. 그는 러시아와 유럽이 단일 통화권(하나의 화폐를 사용하는 경제권)에 들어갈 가능성이 있느냐는 질문에 충분히 가능하다고 답했습니다. 또한 러시아와 유럽의 단일 자유 시장 형성, 러시아의 유럽 연합 가입 가능성에 관해서도 긍정적으로 이야기했죠.

하지만 2014년 러시아가 우크라이나의 크림반도를 자국 영토로 강제 병합하면서 유럽과 북아메리카 등의 경제 제재를 받게 되었어요. 이어 2022년 러시아가 우크라이나를 침공하면서 러시아와 유럽 연합의 관계는 더욱 악화되었죠. 러시아가 우크라이나를 침공한 이유는 옛 소련 국가인 우크라이나가 북대서양조약기구(NATO, 소련을 견제하기 위해 미국, 영국, 프랑스 등이 창설한 군사 동맹) 가입에 긍정적 의사를 내비치는 등 친서방 정책을 펼쳤기 때문이에요.

이에 유럽 연합은 러시아에 경제적 불이익을 주는 조치를 시행하고 있습니다. 대표적으로 러시아산 금 수입을 금지하고, 러시아 최대 은행인 스베르방크의 자산을 동결했어요. 또한 러시아

2023년 북대서양조약기구 정상 회의가 열린 리투아니아의 수도 빌뉴스에 세워진 광고판

"우크라이나는 지금 나토에 가입할 자격이 있습니다"라고 적혀 있습니다.

의 액화 천연가스(LNG) 수출입을 줄이는 것을 목표로 러시아에서 진행 중인 액화 천연가스 프로젝트에 대한 신규 투자 및 서비스 제공을 금지하고, 러시아산 원유 수입을 일부 제한하는 등의 조치를 확정했죠. 유럽 연합은 이러한 제재를 위반한 회원국에는 더 많은 책임과 처벌을 부과할 것이라고 밝혔습니다.

러시아-우크라이나 전쟁이 장기화되면서 유럽 연합은 러시아에 부과한 경제 제재의 만료 시한을 6개월 연장하기로 했어요. 유럽 연합은 러시아의 불법적인 무력 행위가 계속되는 한 경제 제재의 효력을 유지하고 추가 조치를 할 것이라고 밝혔습니다.

천연가스와 석유가 풍부한 러시아는 유럽 연합의 경제 제재에 자원을 무기 삼아 반격하고 있어요. 프랑스에 가스 공급 중단을 선언하고 독일, 네덜란드와 연결된 가스관을 잠그는 등 유럽 내 에너지 위기를 초래하고 있습니다.

친아시아 전략

러시아는 2014년 크림반도 합병과 2022년 우크라이나 침공 이후 유럽과의 관계가 틀어지자, 아시아와의 협력을 강화해 나갔어요. 특히 유럽의 경제 제재로 석유와 천연가스의 수출길이 막히자, 중국으로 수출하며 해결책을 찾고 있죠.

'시베리아의 힘'은 시베리아에서 생산된 천연가스를 중국으로 보내는 대규모 에너지 프로젝트로, 2019년 12월 2일에 개통되었어요. 가스관의 총길이는 3000km에 달합니다. 러시아는 이를 통해 매년 4000억 달러(약 473조 원) 상당의 천연가스를 30년 동안 중국에 공급할 예정이에요. 러시아는 유럽의 경제 제재로 어려움을 겪고 있고, 중국은 미국과 무역 전쟁을 벌이고 있다는 점에서 '시베리아의 힘' 프로젝트는 두 나라의 전략적 협력을 상징한다고 볼 수 있죠.

최근 러시아는 수도 모스크바에 있는 '유럽 광장'의 명칭을 '유라시아 광장'으로 바꾸었습니다. 또한 광장에 있던 유럽 국가들의 국기도 모두 철거했어요. 비록 작은 변화이지만, 이는 우크라

시베리아의 힘
러시아 극동 시베리아 지역과 중국 동북부 지역을 연결하는 가스관입니다.
©가스프롬

이나와 전쟁 중인 러시아가 우크라이나의 편에 선 유럽에서 벗어나 친아시아 전략을 구사하는 것으로 해석할 수 있습니다.

유라시아의 러시아

유라시아는 우랄산맥 등을 기준으로 구분하는 유럽과 아시아 두 대륙을 하나로 묶어 부르는 이름이에요. 러시아를 설명하는 데 가장 적합한 단어라고 할 수 있죠. 이처럼 러시아는 유럽과 아시아 두 대륙에 걸쳐 있다는 위치적 특성을 이용해 스포츠에서도 변화를 시도하고 있습니다.

러시아는 2022년 우크라이나를 침공한 이후 축구를 비롯한 모든 스포츠 종목의 출전이 제한되었어요. 2022년 카타르 월드컵에서는 참가 금지 조치를 받았고, 2022~2023 시즌 유럽축구연맹 네이션스 리그와 유로 2024 대회에서는 조 추첨 대상에서 제외되었습니다. 이에 러시아는 우크라이나가 속해 있는 유럽축구연맹을 떠나 아시아축구연맹으로 옮기는 방안을 논의 중이라고 밝혔어요. 러시아는 영토가 유럽과 아시아에 걸쳐 있어 소속 대륙을 옮기는 데 문제가 없기 때문이죠. 아시아축구연맹에서도 러시아의 이동을 긍정적으로 검토하고 있다고 밝혔습니다.

이처럼 유럽과 아시아 대륙을 넘나드는 시도를 할 수 있다는 것 자체가 러시아가 가진 지정학의 힘이 아닌가 싶어요. 우랄산맥 위에서 유럽과 아시아 모두에 발을 걸치고 있는 러시아가 앞으로 어느 쪽으로 걸음을 옮길지 주목됩니다.

시베리아 횡단 철도 여행

시베리아 횡단 철도는 러시아의 서쪽 끝에 있는 모스크바와 동쪽 끝에 있는 블라디보스토크를 연결하는 철도로, 세계 최장 길이를 자랑합니다. 이동 시간만 꼬박 7일이 걸리죠.

모스크바역을 출발한 기차는 광활한 러시아 평원을 달려 유럽과 아시아의 경계인 우랄산맥을 만나게 됩니다. 산맥을 넘으면 우랄 지역에서 가장 큰 도시인 예카테린부르크에 도착해요. 이어서 또다시 넓게 펼쳐진 서시베리아 평원을 달려 시베리아의 정치·경제·문화 중심지인 노보시비르스크에 도착합니다. 계속해서 달리다 보면 세계에서 가장 깊고 아름다운 호수로 알려진 바이칼호와 함께 이르쿠츠크를 만나게 되죠.

이제 고원과 산맥 지대를 지나 동쪽 끝을 향해 가다 보면, 극동 지역의 대도시인 하바롭스크에 도착합니다. 마지막으로, 남쪽으로 방향을 꺾어 태평양을 따라 내려가면 종착역인 블라디보스토크역에 도착해요.

시베리아 횡단 열차 ©Luxury Train Club

바이칼호를 지나가는
시베리아 횡단 열차

그레이트디바이딩 산맥

자원 강국 오스트레일리아의 미래

그레이트디바이딩산맥은 대분수령(강물이 나뉘는 경계가 되는 큰 산맥)을 의미합니다. 이 산맥은 강과 기후, 자원을 나눌 뿐만 아니라 다문화적 인구 구성을 만드는 지리적 경계 역할도 하죠. 그렇다면 오스트레일리아는 역사와 문화의 뿌리인 유럽과, 경제적으로 밀접한 관계를 맺고 있는 아시아 사이에서 어떤 선택을 통해 지정학적 균형을 이루고 있을까요?

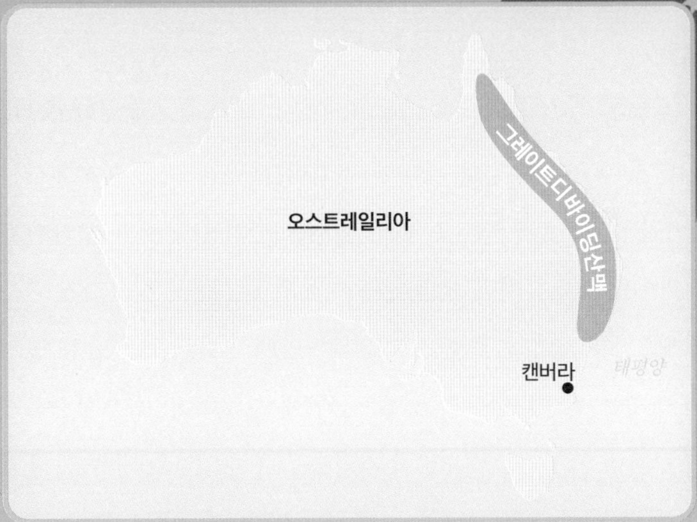

남북으로 길게 이어진 오스트레일리아의 산맥으로, 동서 지역의 차이를 만듭니다.

기후를 나누는 거대한 선

오스트레일리아 동부 해안에 있는 그레이트디바이딩산맥의 길이는 약 3500km로, 세계에서 네 번째로 깁니다. 남북으로 길게 뻗어 있어 산맥 양쪽을 구분하는 확실한 경계가 되어 주죠. 지금부터 이 산맥이 만든 동서 지역 간 기후 차이에 대해 알아보도록 해요.

오른쪽 그래프는 1991년부터 2020년까지 오스트레일리아의 30년간 평균 강수량을 나타낸 것입니다. 특히 대륙 동쪽에서는 강수량 분포가 세로로 긴 띠의 형태를 보이는데, 이는 그레이트디바이딩산맥을 따라 산맥 양쪽 지역의 강수량이 달라지기 때문이에요. 이 산맥의 동쪽 지역은 태평양에서 불어오는 습한 공기의 영향을 받습니다. 이 공기가 산맥에 부딪혀 강제로 상승하면서 구름이 되고, 비를 내려 이 지역을 습윤한 기후로 만들죠. 반면

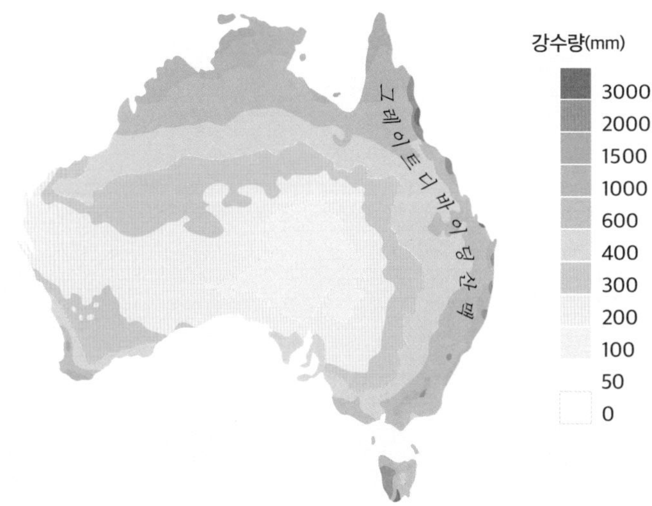

오스트레일리아의 연평균 강수량(1991~2020) ©오스트레일리아 기상청

서쪽 지역은 동쪽 지역에 비를 내리고 건조해진 공기가 넘어오면서 건조 기후가 나타나요.

그레이트디바이딩산맥의 동쪽 지역은 강수량이 풍부하고 기온이 온화해 낙농업과 소 목축업이 발달했습니다. 소는 습한 환경

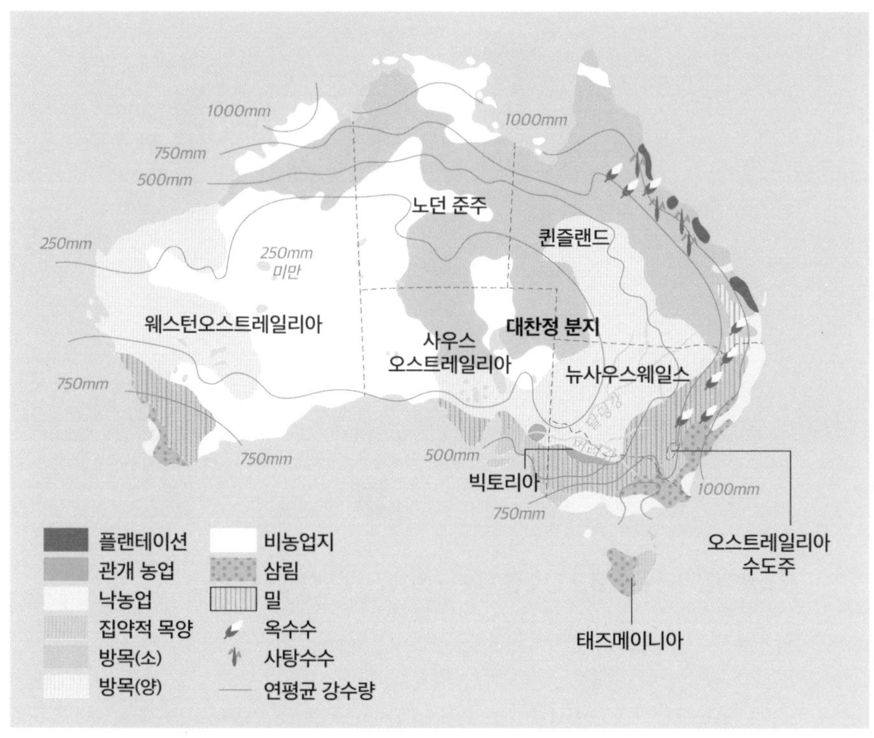

오스트레일리아의 농축산업

에서 더 잘 자라는데, 이 지역은 강수량이 많아 풀이 잘 자라요. 이는 소에게 훌륭한 먹이가 되죠.

우리나라에서도 잘 알려진 '호주 청정우'는 오스트레일리아의 넓은 방목지와 청정한 자연환경에서 길러져 품질을 보증받은 소고기를 뜻하는 명칭(브랜드)입니다. 이 소고기의 절반 이상이 오스트레일리아 북동쪽에 있는 퀸즐랜드주에서 생산돼요.

그레이트디바이딩산맥의 서쪽 지역은 넓은 평원과 건조한 기후가 특징입니다. 양은 건조하고 기온이 높은 환경에서도 잘 적응하기 때문에 이 지역에서는 대규모로 양 목축업이 이뤄지고, 양모와 양고기 생산을 주요 산업으로 삼고 있죠.

호주 청정우와 호주 청정램 마크 ©Meat & Livestock Australia Limited 2019~2021

호주 청정우와 마찬가지로 '호주 청정램'은 오스트레일리아의 깨끗한 물과 신선한 목초로만 사육된 우수한 품질의 양고기에 부여되는 명칭(브랜드)입니다. 주요 양고기 생산지로는 뉴사우스웨일스주의 리버리나 지역, 빅토리아주의 남서부 지역, 사우스오스트레일리아주의 동부 지역 등이 있어요.

그레이트디바이딩산맥이 만든 동서 차이는 기후와 농업뿐만 아니라 사람들의 거주에도 영향을 미쳤습니다. 초기 오스트레일리아에 이주한 유럽인들은 유럽과 비슷하게 기후가 온화한 동쪽 지역에 주로 정착했지만, 곧 그레이트디바이딩산맥을 넘어가게 되죠. 이들은 산맥 너머의 광활한 오스트레일리아 땅에서 무엇을 발견했을까요?

오스트레일리아 퀸즐랜드주의 방목지

그레이트디바이딩산맥 너머 내륙에 있는 킹스캐니언 협곡

금을 찾아 산을 넘어 서쪽으로

오스트레일리아는 1770년 영국 탐험가 제임스 쿡이 탐험한 신대륙입니다. 유럽 국가들은 아메리카 신대륙이 발견된 후 더 많은 땅을 찾기 위해 항해에 나섰고, 제임스 쿡도 그중 한 명이었죠. 그는 유럽에서 출발해 대서양을 건너 아메리카를 지나 남태평양에 도착했고, 오스트레일리아의 동쪽 해안을 탐사한 후 이 사실을 영국 왕실에 알렸어요.

이후 1788년 최초의 영국 이민자 집단이 오스트레일리아로 이주하며 영국의 식민 지배가 시작되었습니다. 이들 대부분은 죄수였으며, 동쪽 해안에 주로 자리를 잡았어요. 유럽에서 배를 타고 온 경로가 동쪽 해안이었을 뿐 아니라 이 지역은 유럽과 비슷하게 온화한 기후와 비옥한 토양을 갖추고 있어 농업과 목축업에 유리했습니다. 동쪽 해안 지역은 유리한 자연환경과 배를 통한 유럽과의 연결성을 바탕으로 대규모 도시로 개발되기 시작했어요.

차츰 시간이 흘러 유럽인들의 이주가 늘어나자, 사람들은 동쪽 해안을 벗어나 더 넓은 땅을 찾아 나서기 시작했습니다. 여러 차례의 시도 끝에 1813년 탐험가 그레고리 블랙스랜드, 윌리엄 로슨, 윌리엄 찰스 웬트워스가 그레이트디바이딩산맥을 넘어 내륙으로 향하는 길을 개척하는 데 성공했어요.

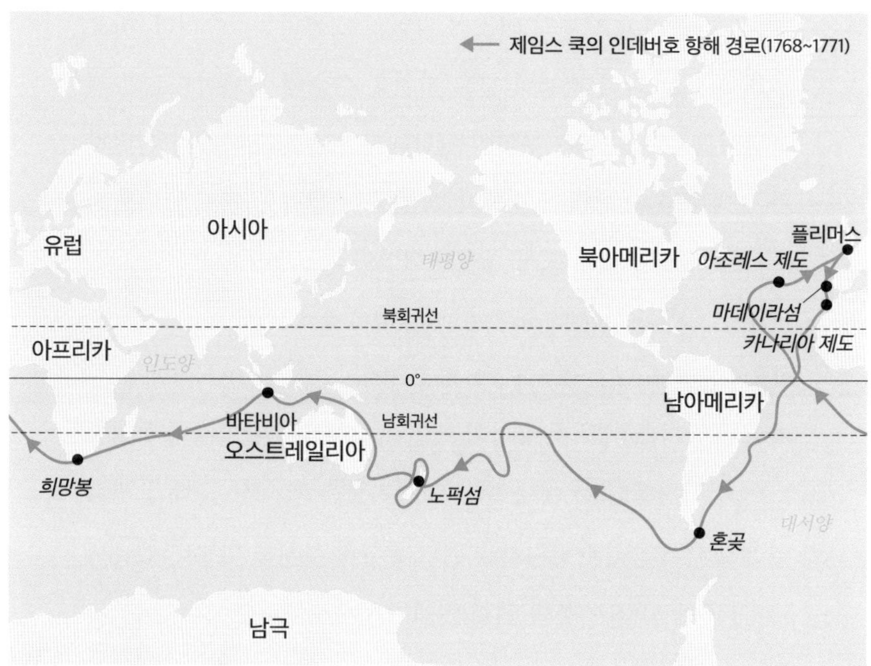

제임스 쿡의 태평양 탐험

1850~1860년대에 금, 은, 구리 같은 자원이 발견되면서 많은 사람이 산을 넘어 서부 내륙으로 이주했습니다. 이와 함께 아시아, 유럽 등에서 온 새로운 이민자들이 오스트레일리아에 정착했죠. 이 시기에 오스트레일리아 인구는 급증해 1851년 43만 명에서 1871년 170만 명으로 약 4배가 늘어났습니다. 또한 여러 국가에서 온 이민자들로 주민 구성이 다양해졌어요.

1890년대에 또다시 거대한 금광이 발견되면서 많은 이민자가 오스트레일리아 서부의 퍼스와 칼굴리로 몰려들었습니다. 이로 인해 퍼스는 금과 철광석 같은 자원을 수출해 경제적으로 크게 성장했고, 아시아와의 무역이 활발해지면서 많은 아시아 이민자가 정착하게 되었어요. 칼굴리 또한 금광 발견을 계기로 대도시로 성장하며, 광업이 도시 경제의 핵심이 되었죠.

한편 골드러시(gold rush, 새로운 금광이 발견되면서 많은 사람이 몰려들어 금을 채굴하고 탐험하던 현상)로 중국, 인도 등 아시아계 노동자의 유입이 늘어나자, 유럽계 백인 노동자들은 일자리의 위협을 느끼기 시작했어요. 이에 백인 노동자들은 역사적·문화적 정체성을 들어 오스트레일리아를 백인 중심의 사회로 만들려 했습니다. 그 결과 1901년부터 백인 이외의 인종을 배척하고 차별하는 백호주의 정책을 펼치기 시작했어요. 예를 들어 오스트레일리아에 이주하려면 어학 시험을 통과해야 했는데, 아시아인들에게는 영어가 아닌 다른 외국어 시험을 치르게 해 이민을 제한했죠.

이러한 차별적인 조치로 아시아인의 이민은 줄어들었습니다. 하지만 오스트레일리아는 곧 심각한 노동력 부족 문제에 직면하며 큰 어려움을 겪게 되었어요. 결국 오스트레일리아는 이주민에 대한 제한을 조금씩 완화하다가 1973년 백호주의 정책을 완전히 폐지했습니다. 이후 오스트레일리아에는 인도, 중국, 필리핀 등 여러 아시아 국가에서 온 이민자들이 정착했고, 현재는 다양한 문화와 민족이 공존하는 다문화 국가가 되었죠.

광물 무역의 열쇠:
경제는 아시아, 역사는 유럽

그레이트디바이딩산맥은 고기 습곡 산맥입니다. 고기 습곡 산맥이란 고생대에 형성된 이후 오랜 기간 침식을 받아 고도가 낮고 경사가 완만한 산맥을 말해요. 특히 고기 습곡 산맥에는 석탄이 풍부하게 매장되어 있습니다. 이 때문에 석탄은 오스트레일리아 경제에 큰 영향을 미쳤어요.

오스트레일리아는 세계에서 중요한 광업 국가 중 하나입니다. 광업이 전체 산업의 약 12%를 차지하고, 자원 수출은 전체 수출의 약 60%를 차지하죠. 오스트레일리아는 석탄뿐만 아니라 철광석, 리튬, 코발트, 구리 등 다양한 광물 자원을 보유하고 있어요.

2023년 오스트레일리아의 광물 자원 수출 통계에 따르면, 전체 수출액 중 중국으로의 수출이 약 70%로 가장 높습니다. 한국(7.3%), 일본(5.6%), 타이완(2.0%), 인도네시아(1.8%)가 그 뒤를 잇고 있죠. 이러한 수치는 오스트레일리아의 주요 교역국이 아시아 국가들임을 보여 줍니다.

특히 중국은 오스트레일리아의 최대 수출입국이자 최대 무역 흑자국으로, 양국 간 교역량은 지난 10년 동안 꾸준히 증가해 왔어요. 오스트레일리아는 태평양에 있어서 아시아와의 지리적 접

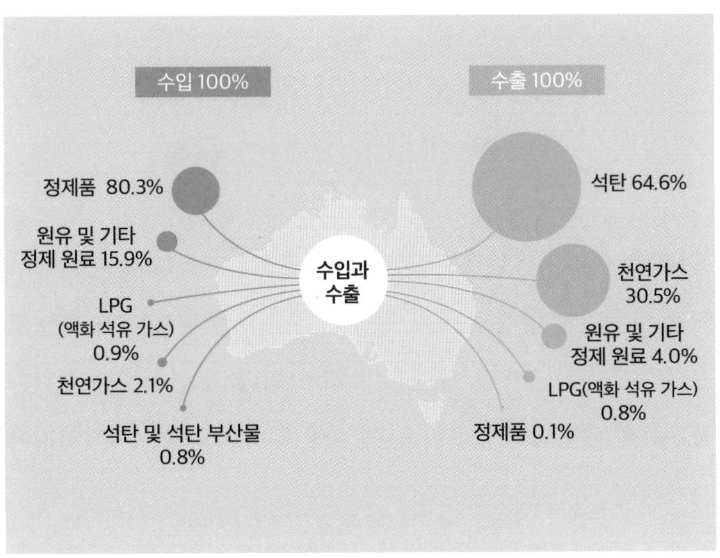

오스트레일리아의 에너지 자원 수출입 현황(2022~2023)

근성이 좋아 물류 이동 거리와 시간이 짧습니다. 아시아에서는 화력 발전소와 제철 산업이 발달해 석탄과 철광석의 수요가 많아요. 이러한 자원 수출을 통해 오스트레일리아와 아시아 국가들은 경제적 협력을 강화하며 상호 의존적인 관계를 발전시켜 왔죠.

한편 오스트레일리아는 유럽과 깊은 역사적·문화적 뿌리를 공유하고 있어요. 오스트레일리아는 과거 영국의 식민지였으며, 현재도 영연방(영국과 과거 영국 식민지였던 국가들로 구성된 국제기구)의 일원으로 활동하고 있습니다. 유럽 이민자들은 오스트레일리아 사회에 큰 영향을 미쳤고 이들의 문화는 오늘날까지도 오스트레일리아 사회 전반에 뚜렷하게 나타나고 있어요.

오스트레일리아는 식민지 시기부터 20세기 초까지 주로 영국과 교역했습니다. 하지만 제2차 세계 대전 이후 영국의 경제력이 약해지면서 점차 주요 교역국을 아시아 국가들로 바꾸게 되었죠. 그럼에도 오스트레일리아는 유럽과의 전통적 연결성을 토대로 새로운 협력 관계를 모색하고 있어요.

2024년 5월, 오스트레일리아는 유럽 연합과 지속 가능한 광물 사업에 대한 합의를 진행하며 유럽과의 협력 가능성을 확인했습니다. 또한 유럽 연합과 자유 무역 협정 체결 의사를 밝히며, 유럽이 오스트레일리아를 통해 광물 공급을 다양화할 수 있다는 점을 강조했어요.

이처럼 오스트레일리아는 유럽과 깊은 역사적 전통을 공유하면서도 아시아와 강력한 경제적 협력 관계를 맺고 있습니다. 과거에는 영국, 현재는 중국이 오스트레일리아의 가장 중요한 동맹국으로 자리 잡고 있죠. 그렇다면 미래에는 어느 나라가 오스트레일리아의 주요 동맹국이 될까요?

첫 번째 오스트레일리아인, 애버리지니

오스트레일리아의 원주민, '애버리지니Aborigine'에 대해 들어 본 적이 있나요? 약 4~5만 년 전, 지금의 파푸아뉴기니나 인도네시아에서 건너와 처음으로 오스트레일리아에 정착한 사람들을 가리키는 말이죠. 이들은 유럽인이 유입되기 훨씬 전부터 이 땅에서 살았어요. 열대·온대·건조 기후 등 다양한 생태 및 기후에 적응하며 오스트레일리아 전역에 거주했죠. 주로 채집과 사냥 활동을 하면서 약 500개의 독립된 집단으로 나뉘어

2008년 '도둑맞은 세대'에게 사과하는 오스트레일리아 케빈 러드 총리

생활했고, 200개 이상의 다양한 언어를 사용했다고 알려져 있습니다.
하지만 1788년부터 유럽인이 유입되면서 애버리지니는 생활 터전을 잃고 오지로 쫓겨났어요. 유럽인 정착촌이 내륙으로 확장되면서 애버리지니의 토지와 고유한 전통은 더욱 축소되었죠.
게다가 오스트레일리아 정부는 1901년부터 1973년까지 이들을 백인 사회에 동화시키고자 강압적인 원주민 정책을 시행했습니다. 애버리지니 아이들은 부모와 강제로 분리되어 백인 가정에 입양되거나 수용소에서 집단생활을 하며 자신의 언어를 사용할 수 없게 되었어요. 최소 10만 명의 아이들이 가족들과 강제 이별을 하게 되었죠. 이를 두고 '도둑맞은 세대'라는 표현이 생겨났습니다.
1990년대 중반, 정부의 애버리지니 강제 분리 정책에 대한 질의가 있었고, 이후 정부는 도둑맞은 세대의 가족을 찾아 주기 시작했어요. 2008년에는 오스트레일리아 총리가 과거 애버리지니 학대에 대해 공식적으로 사과했답니다.
오스트레일리아는 원주민과 이민자들이 만든 다문화 국가예요. 따라서 앞으로도 다양한 문화적 배경을 가진 사람들을 존중하고 포용하기 위해 노력해야 할 것입니다.

피레네산맥

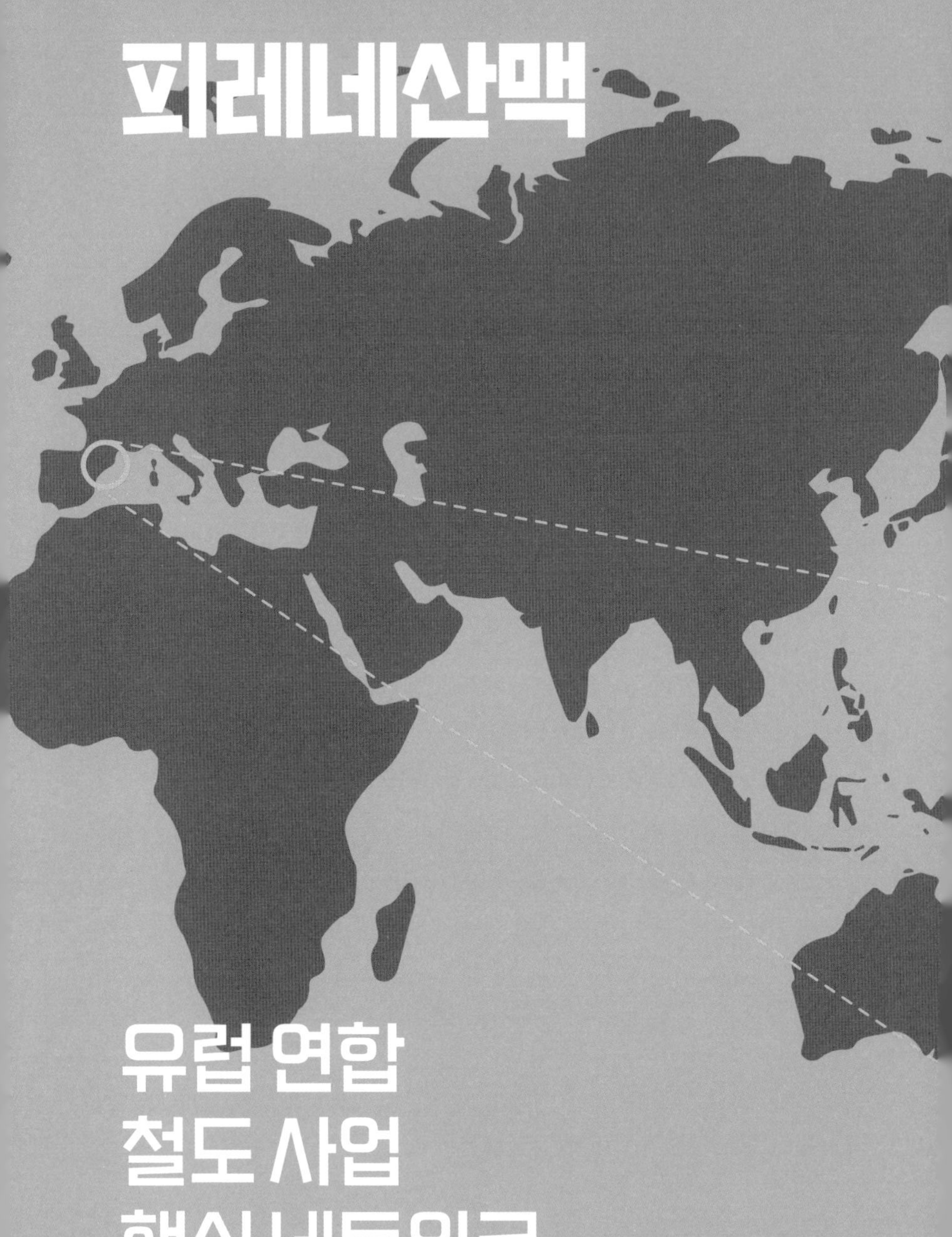

유럽 연합
철도 사업
핵심 네트워크

'게릴라'라는 단어를 들어 본 적이 있나요? 게릴라 콘서트, 게릴라 마케팅, 게릴라 호우 등 일상생활에서 다양하게 쓰이는데요. 이 단어는 에스파냐어로 '작은 전투'를 뜻합니다. 과거 나폴레옹이 이끄는 프랑스 군대가 피레네산맥을 넘어 에스파냐를 침공했을 때, 에스파냐 민중이 소규모 기습 공격을 하고 산맥 뒤로 숨는 전술에서 뜻이 유래되었다고 해요. 피레네산맥은 이 전쟁에서 어떤 역할을 했을까요? 나아가 유럽 본토와 에스파냐의 관계에 어떤 영향을 주었을까요? 지금부터 피레네산맥의 지정학적 의미를 살펴보도록 해요.

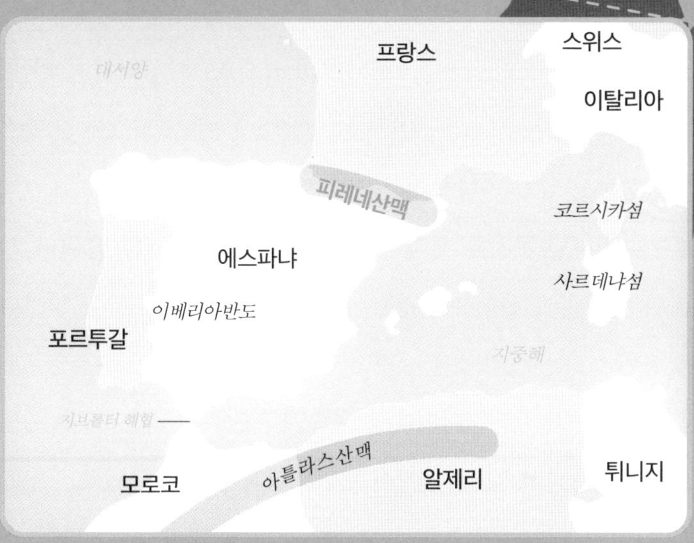

유럽 본토와 이베리아반도(에스파냐, 포르투갈)의 경계가 되는 산맥입니다.

프랑스-에스파냐 전쟁에 마침표를 찍다

피레네산맥은 대서양의 비스케이만에서 지중해까지 동서 방향으로 쭉 뻗어 있으며, 오랜 기간 프랑스와 에스파냐의 경계 역할을 해 왔어요. 이 때문에 두 나라의 역사 속에서 중요하게 등장하죠.

프랑스와 에스파냐는 1635년부터 1659년까지 이어진 긴 전쟁을 끝내기 위해 피레네 조약을 맺었어요. 이 조약으로 프랑스가 점령하고 있던 카탈루냐 지역은 에스파냐가 차지하고, 에스파냐가 다스리던 루시용 지역은 프랑스가 차지하게 되었습니다. 조금 더 자세히 말하면 루시용은 옛 카탈루냐 공국의 북부 영토이고, 프랑스가 에스파냐에 넘겨준 카탈루냐는 옛 카탈루냐 공국의 남부 영토예요. 결국 피레네산맥을 기준으로 북쪽은 프랑스, 남쪽은 에스파냐로 두 국가의 경계가 확실히 나뉘게 되었죠.

피레네산맥이라는 장벽은 프랑스와 에스파냐의 전쟁에서 전략적으로 이용되었습니다. 1808년 프랑스가 에스파냐를 침공했을 때, 나폴레옹은 군대를 에스파냐에 진입시키기 위해 피레네산맥의 주요 산악 통로를 확보하는 데 주력했어요. 하지만 산맥의 험난한 지형으로 인해 프랑스군의 진입 속도가 느려졌죠.

이때, 에스파냐의 비정규군은 게릴라 공격으로 대응했습니다.

피레네 전투를 묘사한 그림

피레네산맥의 험준한 지형을 이용해 소규모로 기습 공격한 후 신속히 산맥으로 후퇴하는 전술을 사용한 것이죠.

에스파냐는 이베리아반도에서 일어난 반도 전쟁에서 영국과 포르투갈의 지원을 받아 프랑스에 맞서 싸웠습니다. 특히 1813년 비토리아 전투에서 에스파냐·영국·포르투갈 연합군이 크게 승리하며 프랑스군을 물러나게 했죠. 이는 나폴레옹의 패배를 예고하는 중요한 전투였어요. 결국 1814년 나폴레옹이 이끄는 프랑스군은 에스파냐에서 철수했습니다. 이처럼 피레네산맥은 프랑스와 에스파냐 사이에서 중요한 의미를 지니고 있어요.

카탈루냐와 바스크 독립 시위의 기원

피레네산맥은 신기 습곡 산맥입니다. 신기 습곡 산맥이란 중생대 말에서 신생대에 지각판끼리의 충돌로 형성된 산맥을 말해요. 비교적 해발 고도가 높은 편이고, 험준한 산세를 가지고 있어 양쪽을 나누는 경계로 적합했죠.

하지만 피레네산맥은 경계로서 한계점이 있었습니다. 바로 산맥의 양 끝이 바다와 맞닿아 있다는 점이에요. 산맥의 동쪽 끝은 지중해, 서쪽 끝은 대서양으로 이어지면서 해안가로 갈수록 산맥

카탈루냐 지방과 바스크 지방

의 높이가 낮아졌습니다. 해안 지역의 사람들은 피레네산맥을 남북으로 넘나들 수 있었죠.

이렇게 산맥을 넘나든 민족이 바로 서쪽의 바스크인과 동쪽의 카탈루냐인입니다. 이들은 산맥 너머에 살며 오랫동안 독특한 정체성을 만들어 왔어요. 그래서 에스파냐도 프랑스도 아닌 제3의 국가로 독립하고자 하죠.

먼저 동쪽 끝에 있는 카탈루냐 지방이에요. 이곳에 거주하는 750만 명의 주민 대부분은 에스파냐어 대신 자신들의 민족성이

카탈루냐의 독립을 원하는 거리 시위 ©Liz Castro

담긴 카탈루냐어를 사용합니다. 카탈루냐는 에스파냐 주류 사회와 민족, 언어, 문화가 다른 탓에 오랫동안 독립 의사를 밝혀 왔어요. 게다가 카탈루냐는 에스파냐에서 경제적으로 부유한 자치 지역 중 하나입니다. 하지만 중앙 정부가 카탈루냐에서 과도하게 세금을 걷어 다른 지역 개발에 투자하자, 주민들의 불만이 점점 커졌죠.

카탈루냐의 강한 독립 의지는 종종 거리 시위로 표출되었고, 2014년과 2017년 두 차례에 걸쳐 독립에 대한 주민 투표가 실시되었어요. 2014년 투표에서는 약 40%가 참여해 약 80%가 찬성했고, 2017년 투표에서는 약 42%가 참여해 약 90%가 찬성했습니다. 특히 2017년 투표에서 90% 이상의 찬성이 나오자, 카탈루냐 자치 정부는 카탈루냐의 독립을 공식적으로 발표했어요. 하지만 에스파냐 중앙 정부는 이 투표를 불법으로 규정하고, 카탈루냐 자치 정부를 해산시켰습니다. 또한 대법원은 투표를 이끈 카탈루냐 지도자들에게 징역형을 내리기도 했죠.

다음은 서쪽 끝에 있는 바스크 지방이에요. 바스크인은 피레네산맥 서쪽에 자리 잡은 민족으로, 현재 일부는 에스파냐에, 일부는 프랑스에 살고 있습니다. 이들이 사용하는 바스크어는 인도-유럽 어족에 속하는 주변의 유럽어와는 전혀 연관성이 없는 독자적인 언어예요. 일부 급진적인 바스크인들은 1959년 ETA(Euskadi Ta Askatasuna, '바스크 조국과 자유'를 의미)를 조직해 무장 투쟁을 벌이며 독립을 요구하기도 했습니다.

이들의 목표는 에스파냐 북서부와 프랑스 남서부에 걸쳐 있는 바스크 지방에 독립된 국가를 세우는 것이었어요. 하지만 1990년대 들어 ETA의 과격한 행동에 바스크인들조차 반감을 보였습니다. 결국 ETA는 2011년 영구 휴전을 선언한 뒤 2018년 완전히 해체되었죠.

2023년 에스파냐 중앙 정부는 총리의 연임을 위해 다소 정치적인 의도로, 카탈루냐어와 바스크어를 유럽 연합의 공식 언어로 추가해 달라고 요청했어요. 이는 에스파냐 내에서 카탈루냐와 바스크의 영향력을 보여 주는 예입니다.

에스파냐 중앙 정부와 카탈루냐, 바스크 자치 정부의 관계는 국내외에서 모두 복잡해요. 대내적으로 에스파냐는 바스크와 카탈루냐가 독립하면 국가 전체가 분열될 것을 우려하고 있습니다. 하나의 나라가 세 나라로 나뉘는 것에서 나아가 또 다른 지역이 분리 독립을 요구한다면, 결국 에스파냐는 여러 개의 작은 나라로 나뉘게 될 거예요.

대외적으로는 경제도 문제입니다. 카탈루냐는 에스파냐의 제조업 중심지이며, 에스파냐 GDP의 약 20% 이상을 차지하는 부유한 자치 정부예요. 특히 이 지역에 있는 바르셀로나 항구는 에스파냐를 비롯한 유럽의 주요 무역항으로, 많은 물자가 이곳을 거쳐 가죠. 따라서 카탈루냐가 독립한다면 에스파냐는 GDP와 세수(정부가 국민과 기업으로부터 걷은 세금으로 얻는 수입) 감소 같은 경제적 어려움을 겪게 될 거예요. 재정 악화나 수출 및 무역 손실은 불 보듯 뻔한 일이죠.

국가 안보 또한 문제가 됩니다. 카탈루냐와 바스크는 비교적

바스크의 독립을 요구하는 내용의 벽화

맨 위에 바스크어로 '자유(ASKATASUNA)'라고 쓰여 있습니다. ©Andrew Crump

평평한 지역이어서 외부의 침입을 받기 쉬워요. 만약 이 두 지역이 독립하면 에스파냐와 적대적 관계가 될 것이고, 다른 나라가 에스파냐를 공격할 때 이들이 적극적으로 협조한다면 에스파냐는 큰 위험에 처하게 될지도 모릅니다. 그래서 에스파냐 중앙 정부는 바스크와 카탈루냐를 통제함으로써 외부 침입로를 봉쇄하고, 효과적으로 국가를 방어하고자 하는 것이죠.

드디어 이룬 염원, 유럽 본토 육상 교통

에스파냐는 피레네산맥의 높은 해발 고도와 험준한 지형 때문에 유럽에서 고립되기도 했습니다. 유럽 본토로 가는 육상 교통이 단절되어 다른 유럽 국가들과 무역하기 어려웠죠. 그래서 에스파냐는 해상 교통을 이용한 무역에 집중했고, 대항해 시대를 열어 지중해에서 대서양으로 무역 중심지를 옮겼어요. 또한 라틴 아메리카를 탐험하며 많은 지역을 차지했죠.

현재 에스파냐는 철도를 통해 유럽과 육상 교통으로 연결되기 위해 노력하고 있어요. 에스파냐 자체의 노력과 유럽 연합의 교통 인프라 통합 사업인 TEN-T(Trans-European Transport Networks) 프로그램의 지원을 통해 유럽 고속 철도 네트워크와 연결되고 있습니다. 특히 프랑스 남부의 페르피냥과 에스파냐 북부의 피게레스를 연결하는 페르피냥-피게레스 노선은 피레네산맥을 통과한다는 점에서 의의가 있어요. 에스파냐는 오랫동안 피레네산맥 때문에 유럽 본토로 나아가지 못했지만, 현대의 기술로 이를 극복하고 산맥을 넘게 된 것이죠.

페르피냥-피게레스 노선은 피레네산맥을 넘기 위해 터널을 뚫는 방법을 사용했습니다. 길이 8.3km에 두 개의 통로로 구성

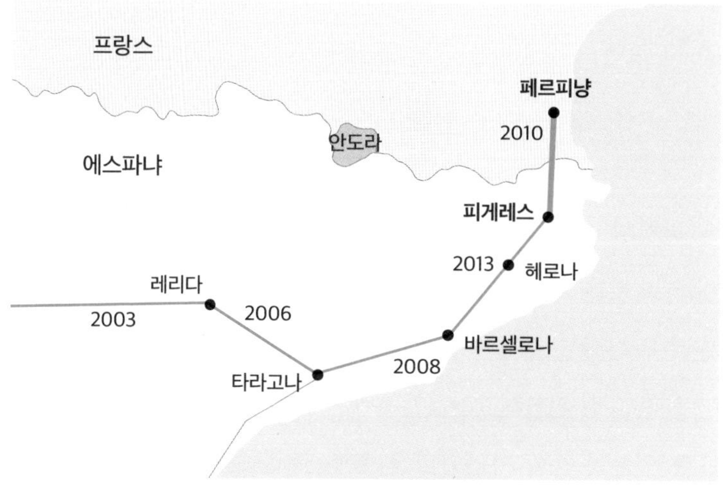

에스파냐와 프랑스를 연결하는 고속 철도 노선의 일부

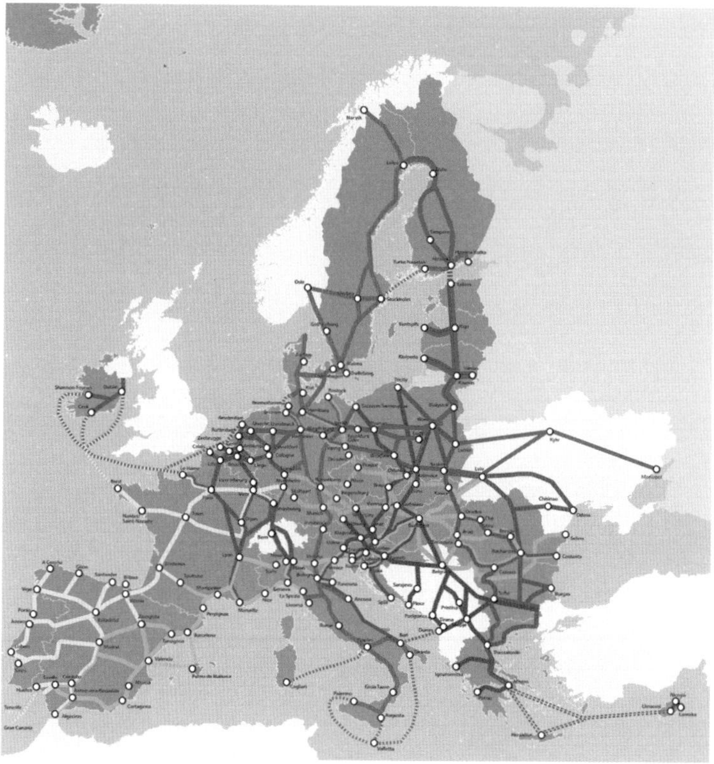

유럽 연합이 추진하는 TEN-T 프로그램의 9대 핵심 운송망

된 이 터널은 철도 노선을 구축하는 과정에서 가장 어려운 공사였어요. 가장 큰 규모의 토목 공사였고, 막대한 비용이 들었습니다. 2005년부터 2009년까지 약 4년 동안 공사했고, 약 5400억 원의 건설 비용이 투입되었죠. 2010년 개통된 후 2013년부터 프랑스 고속 철도(TGV)와 에스파냐 고속 철도(AVE) 노선이 연결되면서 두 나라를 오가는 승객과 화물 운송이 크게 늘었답니다.

한편 유럽 연합의 TEN-T 정책은 1990년대 초에 시작된 유럽 교통 인프라 통합 사업입니다. 도로, 철도, 항공, 해상 등 다양한 교통수단을 연결해 유럽 내 물류 이동과 경제적 연결성을 높이는 것을 목표로 하죠.

유럽 연합은 교통망을 더 효율적으로 만들기 위해 아홉 개의 핵심 운송망을 제시했습니다. 이 운송망은 주요 도시와 연결된 중요한 경로를 포함해요. 국경 간에 끊긴 노선을 다시 잇고, 운송 방법을 통합해 서로 잘 운영되도록 하는 것을 목표로 합니다. 현재 2030년 완공 계획으로 공사를 진행하고 있어요.

207쪽 아래 그림을 보면, 아홉 개의 핵심 운송망 중 지중해 운송망(연두색)과 대서양 운송망(노란색)이 에스파냐와 유럽을 연결합니다. 피레네산맥의 높은 고도와 험준한 지형을 고려해 지중해와 대서양 해안가를 따라 핵심 운송망의 교통로가 건설되었죠.

최근에는 피레네산맥 중앙을 관통하는 교통로 건설에 대해서도 연구 및 논의 중이라고 해요. 에스파냐가 육상 교통을 통해 유럽 본토와 연결되면 관광, 무역 등 여러 분야에서 긍정적인 변화가 생길 것입니다.

게다가 에스파냐가 유럽과 철도 네트워크를 형성하면, 유럽과 아시아 간 무역에도 영향을 줄 것이라는 견해가 있어요. 현재 아시아와 유럽 간 물류 이동의 주된 경로는 수에즈 운하를 거쳐 지브롤터 해협을 지나 유럽 본토에 도착하는 바닷길입니다. 하지만 에스파냐의 철도 네트워크가 충분히 구축된다면, 이전보다 빠르게 수에즈 운하를 거쳐 에스파냐 동부의 바르셀로나나 발렌시아 항구에 도착한 다음 육상 교통을 이용해 유럽으로 운송할 수 있을 거예요.

에스파냐는 피레네산맥 때문에 과거부터 유럽 본토와의 단절을 경험했습니다. 하지만 이제는 철도 네트워크를 통해 유럽과 연결되는 것은 물론, 아시아와 유럽을 이어 주는 중요한 연결 고리로 주목받고 있어요. 그동안 유럽의 끝에서 소외되었던 에스파냐가 앞으로 빛을 볼 수 있기를 기대합니다.

피레네산맥 위에 있는 나라, 안도라

안도라는 국토가 피레네산맥으로 둘러싸여 있는 나라입니다. 따라서 산맥 북쪽의 프랑스를 통해서 가거나, 산맥 남쪽의 에스파냐를 통해서만 갈 수 있습니다. 이와 같은 위치적 특성은 안도라만의 독특한 지역성을 형성했어요. 안도라의 인구는 약 8만 5000명이며, 이 중 안도라 국적을 가진 사람은 48.8%뿐입니다. 나머지는 주변 국가에서 온 이민자들로, 에스파냐 출신이 25.1%, 포르투갈 출신이 12%, 프랑스 출신이 4.4% 등을 차지하죠.

안도라에는 두 명의 지도자가 있어요. 바로 에스파냐와 프랑스의 지도자입니다. 과거 안도라는 에스파냐 카탈루냐 지역의 일부였어요. 당시 우르헬 백작 가문이 이 지역의 소유권을 가지고 있다가 10세기 말 가톨릭 교구(가톨릭교회를 지역적으로 구분하는 한 단위) 중 하나인 우르헬 교구의 주교(한 교구를 다스리는 직책)에게 넘겼습니다. 그런데 13세기 우르헬 주교와 프랑스 푸아 백작 가문 사이에 군사 충돌이 발생했고, 그 결과 안도라 주권을 공동으로 소유하는 조약이 체결되었죠.

훗날 푸아 가문의 통치권이 프랑스 국왕에게 넘어가면서 오늘날 프랑스 대통령과 에스파냐 카탈루냐 지방의 우르헬 주교가 공동으로 안도라를 대표하게 되었어요. 하지만 안도라 헌법에 따라 의회가 구성되고 의회에서 선출된 정부 수반이 행정부를 이끌기 때문에 프랑스 대통령과 에스파냐의 우르헬 주교가 안도라의 국가 원수라 하더라도 안도라 정부의 정책에 대한 거부권은 가지지 못한답니다.

안도라

국토 면적이 제주도의 4분의 1 정도로 매우 작으나, 뛰어난 자연 경관과 스키장을 바탕으로 관광업이 크게 발달했습니다.

참고 자료

- 전국지리교사모임, 《나의 첫 지정학 수업》, 탐, 2023.
- 조철기, 《세상에 이런 국경》, 푸른길, 2022.
- 팀 마샬, 《지리의 힘》, 사이, 2016.
- 팀 마샬, 《지리의 힘 2》, 사이, 2022.

해협

1. 믈라카 해협

- 파라하나 슈하이미, 《말라카: 15세기 동남아 무역 왕국》, 산지니, 2020.
- 브렌다 랄프 루이스, 《그림과 사진으로 보는 해적의 역사》, 북&월드, 2011.
- 유현석·강지연, 〈말라카 해협을 둘러싼 연안 삼국의 전략: 약소국 외교 정책의 관점에서〉, 연세대학교 동서문제연구원, 2011.
- "한계에 다다른 말라카 해협에 대한 대안 무역로를 모색하는 국가들", 〈Indo-Pacific Defense FORUM〉, 2023. 12. 10.
- [신희섭의 정치학] "동아시아 급소 지정학: 말라카 해협과 한국의 안보", 〈법률저널〉, 2021. 9. 10.
- "말라카 딜레마, 중국의 주요 안보 과제", 〈Indo-Pacific Defense FORUM〉, 2023. 10. 27.

2. 베링 해협

- 김동기, 《지정학의 힘: 시파워와 랜드파워의 세계사》, 아카넷, 2020.
- 심의섭·리 루이펑, 〈베링 해협 터널의 구상과 전개〉, 배재대학교 한국-시베리아센터,

2015.
- “아시아-북미 잇는 ‘베링 육교’ 훨씬 늦은 3만 5700년 전 열려”, 〈연합뉴스〉, 2022. 12. 27.
- “인류의 발자취를 찾아서… 7년간 3만 3800km 걷기 도전”, 〈동아사이언스〉, 2013. 1. 15.
- “신통찮을 북극 항로 시범 사업… 그래도 하겠다는 까닭은?”, 〈조선비즈〉, 2013. 7. 24.

3. 호르무즈 해협
- 김중관, 〈호르무즈 해협의 물류 안정성과 국제 패권의 분석〉, 한국중동학회, 2021.
- “한국케미호 피랍부터 석방까지… 이란 억류 ‘길었던 96일’”, 〈동아일보〉, 2021. 4. 9.
- “The Strait of Hormuz is the world’s most important oil transit chokepoint”, 〈EIA〉, 2019. 6. 20.
- “대중동 원유 수입 비중 5년간 26.1%p 감소”, 〈대외경제정책연구원〉, 2022. 3. 8.

4. 지브롤터 해협
- 이우평, 《모자이크 세계 지리》, 현암사, 2011.
- Bilal Wadood, 〈Diachroneity in the closure of the eastern Tethys Seaway: evidence from the cessation of marine sedimentation in northern Pakistan〉, 《Australian Journal of Earth Sciences》, 2020.
- “유럽-阿 해저 터널로 잇는다… “지브롤터 해협에 공동 건설””, 〈경향신문〉, 2007. 3. 7.
- “영국령 지브롤터-스페인 간 이동의 자유 계속 보장키로”, 〈연합뉴스〉, 2020. 12. 31.

운하와 터널

1. 수에즈 운하
- 오무라 오지로, 《돈의 흐름으로 읽는 세계사》, 위즈덤하우스, 2018.
- 김동환·배수강, 《레드 앤 블랙: 중국과 아프리카, 신 자원로드 열다》, 나남, 2012.
- 김용남, 《대화로 풀고 세기로 엮은 대세 세계사 2》, 로고폴리스, 2017.
- 파스칼 보니파스, 《지정학에 관한 모든 것》, 레디셋고, 2016.
- “수에즈 운하 vs 파나마 운하 무엇이 다를까?”, 〈첼로스퀘어〉, 2023. 8. 17.

- “선박들, 수에즈 운하 피습 공포에… 희망봉으로 빙 돌아가”, 〈동아일보〉, 2023. 12. 18.
- “수에즈 운하 막혀 한국 수출도 타격 “복구에 상당 시간 소요””, 〈한국무역신문〉, 2021. 3. 26.
- “수에즈 운하 연간 수익 9조 원… 물동량 증가로 역대 최고치”, 〈연합뉴스〉, 2022. 7. 5.
- “예멘 후티 반군, 홍해 위협… 해운업계, 영향에 촉각”, 〈에너지경제신문〉, 2023. 12. 21.
- “예멘 반군 공격에 한 달 새 2배 오른 유럽行 물류비… 수출입 영향은 제한적”, 〈해사신문〉, 2024. 1. 4.

2. 파나마 운하

- 이성우·김은우·김세원, 《국제 물류 경로 변화가 동아시아 물류 시장에 미치는 영향 연구》, 한국해양수산개발원, 2015.
- 최진이, 〈기후 변화로 인한 해항 도시 파나마의 위기와 국제 협력의 당위 연구〉, 한국해양대학교 국제해양문제연구소, 2023.
- 박용안, 〈파나마 운하 확장에 따른 해운 물류 환경 변화와 정책 대응 방안〉, 한국해양수산개발원, 2017.
- 박구병, 〈제국의 초상: 미국의 파나마 운하 건설과 파나마의 은폐〉, 서울대학교 국제학연구소, 2011.
- 에너지경제연구원, 〈파나마 운하 확장의 세계 에너지 물류 개선 효과〉, 세계 에너지시장 인사이트 제16-30호, 2016.
- 대외경제정책연구원, 〈중국의 일대일로 구상, 중남미로 확대 추진〉, 2018.
- [김관섭 칼럼] “파나마 운하 확장과 동북아 석유·가스 물류 변화”, 〈울산매일신문〉, 2016. 8. 22.
- “해운업계의 분주한 움직임에도 파나마 운하 해결 쉽지 않아”, 〈첼로스퀘어〉, 2023. 11. 29.

3. 세이칸 터널

- 오가사와라 미츠마사 외, 《재미있는 터널 이야기》, 씨아이알, 2014.
- 한국터널지하공간학회, 《인류와 지하 공간》, 한국터널지하공간학회, 2012.
- 김종온·이민성, 《터널 이야기》, 시그마프레스, 2003.
- 변현섭·김영진, 〈사할린-홋카이도 철도 연결 사업의 가능성 분석과 러-일 물류 협력의 방향〉, 《중소연구》 제41권 제2호, 2017.

ㅇ 김영근, 〈세계 최장 터널, 세이칸 터널을 가다〉, 《한국지반공학회지》 제18권 제11호, 2002.
ㅇ 신장철, 〈일본 세이칸 터널의 건설 배경에 관한 연구〉, 《경영사연구》 제34집 제1호(통권89호), 2019.

4. 고트하르트 베이스 터널
ㅇ 조르주 보르도노브, 《나폴레옹 평전》, 열대림, 2008.
ㅇ 전종한 외, 《세계 지리: 경계에서 권역을 보다》, 사회평론, 2015.
ㅇ 테리G. 조든-비치코프·벨라 비치코바 조든, 《유럽: 문화 지역의 형성 과정과 지역 구조》, 시그마프레스, 2007.
ㅇ 마크 힐리, 《칸나이 BC 216: 카르타고의 명장 한니발, 로마군을 격멸하다》, 플래닛미디어, 2007.
ㅇ "세계 최장 철도 터널 스위스 '고트하르트 베이스 터널' 개통… 세계의 기나긴 터널들은?", 〈경향신문〉, 2016. 6. 2.

산맥

1. 히말라야산맥
ㅇ "네팔, 중국산 석유 공급… 40년 인도 독점 종식", 〈세계일보〉, 2015. 10. 30.
ㅇ "수십 년 계속된 中·印 국경 분쟁… 3500km 곳곳서 충돌", 〈연합뉴스〉, 2020. 6. 17.
ㅇ "인도, 네팔에 8000여억 원 차관… 양국 '국경 봉쇄' 갈등 해소", 〈연합뉴스〉, 2016. 9. 17.
ㅇ "인도 땅에 중국식 이름 붙인 중국… 3400km 길이 국경서 벌어지는 '영토 전쟁'", 〈한국일보〉, 2023. 4. 8.
ㅇ "두 대국의 '신 그레이트 게임': 도클람 사태로 본 인-중 관계", 〈비즈한국〉, 2017. 9. 12.
ㅇ "중국과 인도, 두 거인 틈바구니에 낀 인구 80만 부탄의 고민", 〈경향신문〉, 2017. 8. 16.
ㅇ "중국, 내륙 국가 네팔에 무역항 이용권 부여 "인도 견제용"", 〈연합뉴스〉, 2019. 5. 3.
ㅇ "中·印 영유권 분쟁 아루나찰프라데시 화약고 되나", 〈데일리안〉, 2024. 4. 7.
ㅇ [최준영 칼럼] "마루티도 현대차도 정전 또 정전… '안정적 에너지'에 인도의 사활이 걸려 있다", 〈조선일보〉, 2024. 4. 26.

2. 우랄산맥

- 이무열, 《러시아 역사 다이제스트 100》, 가람기획, 2022.
- 델핀 파팽, 《러시아 지정학 아틀라스》, 서해문집, 2023.
- "3000km '시베리아의 힘' 개통… 美 겨눈 中·러 '가스 동맹'", 〈세계일보〉, 2019. 12. 2.
- "'UEFA 왕따' 러시아, AFC 합류 여부 31일 결정… 亞 축구 판도 바뀌나", 〈중앙일보〉, 2022. 12. 29.
- "러시아-EU, 같은 통화 사용 가능", 〈연합뉴스〉, 2010. 11. 27.
- "EU, 대러 경제 제재 6개월 연장… "무력 쓰면 효력 유지"", 〈뉴시스〉, 2024. 1. 30.
- "혹독한 겨울 닥친다… 러시아 "프랑스·독일 가스 공급 중단"", 〈한국일보〉, 2022. 8. 31.

3. 그레이트디바이딩산맥

- 신봉섭, 《호주사 다이제스트 100》, 가람기획, 2016.
- "정부가 훔쳐 간 아이들… 그들은 '노예'였다", 〈오마이뉴스〉, 2011. 10. 29.
- "EU와 호주, 지속 가능한 핵심 광물에 관한 파트너십 구축", 〈Impact ON〉, 2024. 5. 31.
- "2023년 한국의 5위 무역 상대국, 호주의 2023년 수출입 동향", 〈KOTRA 해외시장뉴스〉, 2024. 4. 11.
- "2024년 호주 광업 산업 정보", 〈KOTRA 해외시장뉴스〉, 2024. 12. 13.

4. 피레네산맥

- "스페인 바스크 분리주의 단체 ETA 무장 해제 선언", 〈연합뉴스〉, 2017. 4. 7.
- "스페인 분열의 뇌관… 카탈루냐와 바스크의 운명 왜 바뀌었나", 〈중앙일보〉, 2017. 10. 30.